绿色建筑与健康人居环境创建

巨型开放性社区的人居环境地理学实证研究

——以贵阳花果园城市更新项目为例

张英佳　著

U0250740

知识产权出版社

全国百佳图书出版单位

—北京—

图书在版编目（CIP）数据

巨型开放性社区的人居环境地理学实证研究：以贵阳花果园城市更新项目为例 / 张英佳著. —北京：知识产权出版社，2023.8

ISBN 978-7-5130-8820-6

Ⅰ. ①巨… Ⅱ. ①张… Ⅲ. ①居住环境—环境地理学—研究—贵阳 Ⅳ. ①X21 ②X144

中国国家版本馆 CIP 数据核字（2023）第 121448 号

责任编辑：张　冰　　　　　　　责任校对：潘凤越
封面设计：杰意飞扬·张悦　　　　责任印制：孙婷婷

巨型开放性社区的人居环境地理学实证研究
——以贵阳花果园城市更新项目为例

张英佳　著

出版发行：知识产权出版社有限责任公司		网　　址：http://www.ipph.cn	
社　　址：北京市海淀区气象路 50 号院		邮　　编：100081	
责编电话：010-82000860 转 8024		责编邮箱：740666854@qq.com	
发行电话：010-82000860 转 8101/8102		发行传真：010-82000893/82005070/82000270	
印　　刷：北京建宏印刷有限公司		经　　销：新华书店、各大网上书店及相关专业书店	
开　　本：787mm×1092mm　1/16		印　　张：15.75	
版　　次：2023 年 8 月第 1 版		印　　次：2023 年 8 月第 1 次印刷	
字　　数：256 千字		定　　价：88.00 元	

ISBN 978-7-5130-8820-6

本书获得了以下两个基金项目支持：

（1）贵州省自然科学基金（贵州省科技厅黔科合基础〔2019〕1150号）：综合型新市镇性质的巨型开放性社区行为时空特征。

（2）贵州理工学院高层次人才引进科研启动项目〔（XJGC）20190665〕：巨型开放性社区的宜居性及行为特征研究——以贵阳花果园为例。

| 自 序 |

　　巨型居住社区最先出现在我国社会经济发达地区，后来在中西部一些城镇化步入加速期的城市也建设了巨型居住社区。巨型社区与普通社区在人口规模、占地面积、土地性质、区位、周边就业岗位等方面有着显著区别。其在建设紧凑型、节约型城市以及改善城市品质等方面不仅具有现实意义，还具有理论研究价值。

　　巨型危旧房社区改造、棚户区改造等城市更新改造项目在提升城市居住质量、提高城市人口容量等方面作用显著。贵阳市因危旧房和棚户区改造而建设了不少巨型社区，如花果园、中铁生态城、西南商贸城、大川白金城、中天假日方舟。除贵阳外，不少城市在不同程度上也建设了巨型社区，例如北京天通苑社区、昆明润城城市综合体、兰州东部科技新城以及济南彩石山庄项目等。

　　巨型社区的人居环境是关乎其规划存在意义以及人民切实生活质量的重要和关键考量。巨型社区往往面临职住分离、空间割裂、私享空间等问题。以往的研究表明，上海中心城区以外巨型社区具有低区域机动性、低个人机动性、低可达性的特征；北京天通苑与亦庄两个巨型社区的周边配套设施和就业岗位不足造成了社区居民的长距离通勤，加剧了交通拥堵、职住空间错位等城市问题，也降低了居民的生活质量。

　　虽然巨型社区存在很多问题，但不可否认，上海、北京等城市已经建设了不少巨型社区。2010年，上海发布了《上海市大型居住社区规划设计导则（试行）》。相关研究领域学者也对巨型（大型）社区作了一些探索。张萍等建议大型社区在初始建设阶段应优先配套公共设施及公共交通，保障居民的维持性生活与出行。申悦和柴彦威建议应该加强郊区新城文化、休闲和商业中心的建设，发展郊区生活性服务业，使居民的日常生活空间逐渐向新城转移；更重要的是加强产业配套建设，实现职住平衡。

"开放街区"的规划理念在一定程度上影响了欧洲当今的城市建设，对中国现阶段的城市住宅建设也有着多方面的启示。开放性社区可实现城市公共资源共享、与城市功能空间有机融合，营造富有活力的城市氛围，完善城市功能；开放性社区的功能由单一走向综合，交通由封闭走向开放，宜步行、益经济、促交流、更安全。此外，开放性社区便于人们参加体育活动，有利于提升居民的健康水平，并在社会交往、生活质量、社区经济、休闲活动等方面有积极的促进作用。周俭和黄怡认为大型居住社区应该是一个综合型的新市镇，也就是一个新城市，从规划和建设之初，其结构骨架就不应该是一个居住区的骨架。那么，这种综合型新市镇性质的巨型开放性社区能否解决诸多城市问题呢？综合型新市镇性质的巨型开放性社区是否宜居？大中城市的棚户区改造项目是否合理？通过融入区域，导入交通、就业、服务的开放性社区的模式是否能解决巨型社区面临的众多问题？

本书以贵阳花果园城市更新项目为例，基于地理学方法，试图研究巨型开放性社区人居环境，寻找这些问题的答案。本书共分八章，主要涵盖巨型社区的人居环境现状以及时空演变过程研究、活动行为特征研究、认知及满意度研究。

人居环境现状以及时空演变过程研究　研究巨型开放性社区土地利用时空演变过程及机制。中国的高密度巨型社区多源于城市中心更新工程或城郊棚户区改造工程，作为巨型社区，其修建、改造、入住、配套设施逐步完善、社区成熟、社区住户更替、社区扩张等过程不是一朝一夕可以完成的。本书以贵阳花果园城市更新项目为例，以土地利用数据、土地利用规划、地形、遥感图像等数据为基础，分析 2006 年、2012 年、2018 年贵阳花果园社区耕地、林地、建设用地、水域等土地利用和生态服务效应在时间和空间两个维度上的变化规律，并与北京天通苑巨型社区进行对比。第 1 章主要介绍了贵阳花果园社区的基本情况、区位条件以及人居环境现状；第 2 章通过遥感解译等方法研究 2006 年、2012 年、2018 年贵阳花果园社区的土地利用类型的时空演变过程及生态效应，并与北京天通苑巨型社区进行对比；第 3 章从"三生"视角，探讨贵阳花果园巨型社区生态用地、生产用地、生活用地三个方面的时空演变特征及其机制。

活动行为特征研究 宜居环境为市民的活动与行为提供防护性、舒适性、愉悦性、便利性。交通、就业与配套是影响巨型社区居民行为的主要因素。囊括金融、商业、休闲、旅游、文化、居住等功能的贵阳花果园社区的居民活动和行为具有哪些特征？本书主要通过问卷调查的形式调查社区居民的出行频率、出行方式、出行时间和出行时间满意度等，了解和掌握市民在巨型开放性社区中的生活活动与行为特征，为巨型开放性社区设计和改造提供依据，以创造高品质空间，满足社区居民生活的需要。第 4章主要研究居民行为特征及其与城市空间的关系，第 5 章着重剖析居民通勤行为特征及其影响因素，第 6 章通过 GPS 数据剖析老年人休闲行为时空特征。

认知及满意度研究 一个社区的宜居性在其规划之初便埋下了种子，从新城市主义、大都市精明增长和紧凑城市理论出发，建设以高容积率、高高度、高密度为形态特征的巨型开放性社区是一种城市建设尝试。低密度、低容积率的建设可能会造成新城活力不足。对于中国西部省会城市贵阳来说，花果园项目具有跳跃性、前瞻性，其实施效果需要接受长期的检验。巨型开放性社区的光照、色彩、噪声、气味、密度等都可能影响居民的身心健康，社区的空间建设、道路交通、景观规划、生活环境都将影响社区居民的认知及满意度。第 7 章基于住宅设计、配套设施、物业管理、社区环境等指标，探讨花果园社区居民的认知评价及满意度；第 8 章针对同城非本社区居民，从空间建设、道路交通、景观规划、生活环境方面考察巨型社区在城市中的声望及评价。

总结来说，本书以贵阳城市更新项目花果园社区为例，以创造高品质人居空间、提高市民人居生活质量为目的，为融入区域，导入交通、就业、服务的巨型开放性社区是否宜居提供理论研究路径，为其资源优化配置提供参考建议。

本书的成稿离不开我的硕士及博士研究生导师李雪铭教授的指引与教导；离不开我的工作单位贵州理工学院各级领导的支持与关心。在本书出版之际，特别感激韩会庆教授在土地利用及生态环境等相关知识与技术方面的无私指导；感谢贵州理工学院人文地理与城乡规划专业学生刘萍萍

(第1章和第7章)、白玉梅（第1章）、李成钢（第2章）、左帮梅（第3章）、姚婷（第4章）、罗芳玲（第5章）、卢天意（第6章）、杨今晶（第8章）在收集数据、绘制图表等方面做出的极大贡献，协助完成了部分研究内容；同时，特别感谢贵州自然科学基金以及贵州理工学院高层次人才引进科研启动项目对本研究以及本专著出版的极大帮助与资助。

作者
2021年5月

| 目　录 |

第1章　巨型开放性社区人居环境建设
　　——以贵阳花果园城市更新项目为例 ················ 1

1.1　研究区域概述 ····················· 2

1.2　花果园社区的区位分析 ··············· 5

1.3　花果园社区城市更新项目人居环境现状 ········ 6

　　1.3.1　空间建设分析 ················· 7

　　1.3.2　景观规划分析 ················· 9

　　1.3.3　交通情况分析 ················ 10

　　1.3.4　生活环境分析 ················ 13

1.4　备受关注的贵阳花果园社区 ············· 15

1.5　花果园社区邻近城中村人居环境特征研究
　　——以蔡家关村为例 ·············· 19

　　1.5.1　研究区域概况 ················ 20

　　1.5.2　调查方法 ·················· 20

　　1.5.3　蔡家关村人居环境特征 ··········· 21

　　1.5.4　蔡家关村人居环境改善对策 ········· 26

　　1.5.5　对花果园巨型社区更新项目的启示 ····· 27

本章参考文献 ······················ 28

第2章 巨型开放性社区土地利用类型时空演变过程及其生态效应对比研究

　　——以贵阳花果园社区和北京天通苑社区为例 …………… 31

　2.1　研究数据与研究方法 ………………………………… 33

　　2.1.1　技术路线 ………………………………………… 33

　　2.1.2　数据来源 ………………………………………… 34

　　2.1.3　数据处理 ………………………………………… 35

　2.2　样本社区土地利用类型分类 ………………………… 36

　　2.2.1　巨型社区土地利用类型分类标准 ……………… 36

　　2.2.2　样本社区遥感图像解译 ………………………… 37

　2.3　样本社区土地利用类型时空演变 …………………… 42

　　2.3.1　贵阳花果园社区土地利用类型演变 …………… 42

　　2.3.2　北京天通苑社区土地利用类型演变 …………… 46

　2.4　样本社区各土地利用类型变化速率分析 …………… 50

　　2.4.1　花果园社区单一土地利用类型动态变化 ……… 51

　　2.4.2　天通苑社区单一土地利用类型动态变化 ……… 53

　　2.4.3　对比分析及结果 ………………………………… 54

　2.5　样本社区土地利用类型斑块数量变化 ……………… 55

　　2.5.1　花果园社区土地利用类型斑块数量变化 ……… 56

　　2.5.2　天通苑社区土地利用类型斑块数量变化 ……… 57

　　2.5.3　对比分析及结果 ………………………………… 58

　2.6　巨型开放性社区生态效应对比研究 ………………… 59

　　2.6.1　样本社区生态服务价值变化研究 ……………… 60

　　2.6.2　样本社区生态服务价值计算结果 ……………… 61

　　2.6.3　样本社区生态服务价值对比 …………………… 63

　2.7　结论与讨论 …………………………………………… 66

　本章参考文献 ……………………………………………… 67

第3章 基于"三生"视角下的巨型开放性社区城市更新空间演变及特征

　　——以贵阳花果园社区为例 ……………………………… 69

　3.1　巨型开放性社区的"三生"空间研究意义及其进展 ………… 70

3.2 花果园社区空间整体变化特征 ················· 73

　　3.2.1 空间演变的土地利用变化动态 ············· 77

　　3.2.2 生活空间用地扩张 ···················· 78

　　3.2.3 生产空间用地变化特点 ················· 80

　　3.2.4 生态空间用地变化特征 ················· 81

3.3 花果园社区"三生"空间变化驱动因素分析 ········· 82

　　3.3.1 区位驱动 ························· 83

　　3.3.2 交通驱动 ························· 83

　　3.3.3 规划驱动 ························· 84

　　3.3.4 城市化驱动 ······················· 84

　　3.3.5 影响力驱动 ······················· 85

本章参考文献 ····························· 85

第4章　巨型开放性社区居民行为特征
　　　——以贵阳花果园社区为例 ················· 87

4.1 研究数据与研究方法 ····················· 89

　　4.1.1 调查问卷样本 ······················ 89

　　4.1.2 受访对象及调查方法 ·················· 89

　　4.1.3 研究方法 ························· 90

4.2 居民工作日与休息日时空行为特征 ·············· 92

　　4.2.1 居民工作日和休息日时间分布特征及其成因 ····· 95

　　4.2.2 居民工作日和休息日空间分布特征及其成因 ····· 97

　　4.2.3 两者时间和空间分布不同的原因 ··········· 102

　　4.2.4 跨区域通勤现象 ···················· 105

4.3 居民的时空行为和花果园城市空间关系分析 ········· 106

　　4.3.1 从工作角度分析两者关系 ··············· 107

　　4.3.2 从休闲和购物角度分析两者关系 ··········· 108

4.4 居民出行满意度分析 ····················· 110

4.5 结论与讨论 ·························· 113

本章参考文献 ···························· 116

第 5 章 巨型开放性社区的居民通勤行为调查
　　——以贵阳花果园社区为例 ⋯⋯⋯⋯⋯⋯⋯⋯⋯⋯⋯⋯⋯ 119
　5.1　研究数据与研究方法 ⋯⋯⋯⋯⋯⋯⋯⋯⋯⋯⋯⋯⋯⋯ 122
　5.2　居民通勤的基本特征分析 ⋯⋯⋯⋯⋯⋯⋯⋯⋯⋯⋯⋯ 123
　　5.2.1　样本状况 ⋯⋯⋯⋯⋯⋯⋯⋯⋯⋯⋯⋯⋯⋯⋯⋯ 123
　　5.2.2　居民总体通勤特征分析 ⋯⋯⋯⋯⋯⋯⋯⋯⋯⋯ 124
　　5.2.3　通勤模式相关分析 ⋯⋯⋯⋯⋯⋯⋯⋯⋯⋯⋯⋯ 127
　　5.2.4　住房产权与通勤距离特征分析 ⋯⋯⋯⋯⋯⋯⋯ 128
　5.3　通勤影响因素分析 ⋯⋯⋯⋯⋯⋯⋯⋯⋯⋯⋯⋯⋯⋯⋯ 130
　　5.3.1　交通工具特征分析 ⋯⋯⋯⋯⋯⋯⋯⋯⋯⋯⋯⋯ 130
　　5.3.2　个人属性对通勤行为的影响 ⋯⋯⋯⋯⋯⋯⋯⋯ 132
　　5.3.3　家庭属性对通勤行为的影响 ⋯⋯⋯⋯⋯⋯⋯⋯ 133
　　5.3.4　经济属性对通勤行为的影响 ⋯⋯⋯⋯⋯⋯⋯⋯ 135
　5.4　结论与讨论 ⋯⋯⋯⋯⋯⋯⋯⋯⋯⋯⋯⋯⋯⋯⋯⋯⋯ 138
　本章参考文献 ⋯⋯⋯⋯⋯⋯⋯⋯⋯⋯⋯⋯⋯⋯⋯⋯⋯⋯ 140

第 6 章 巨型开放性社区老年人休闲行为时空特征
　　——以贵阳小车河城市湿地公园为例 ⋯⋯⋯⋯⋯⋯⋯⋯⋯ 143
　6.1　研究数据与研究方法 ⋯⋯⋯⋯⋯⋯⋯⋯⋯⋯⋯⋯⋯⋯ 145
　　6.1.1　研究区概况 ⋯⋯⋯⋯⋯⋯⋯⋯⋯⋯⋯⋯⋯⋯ 145
　　6.1.2　数据来源 ⋯⋯⋯⋯⋯⋯⋯⋯⋯⋯⋯⋯⋯⋯⋯ 146
　　6.1.3　研究方法 ⋯⋯⋯⋯⋯⋯⋯⋯⋯⋯⋯⋯⋯⋯⋯ 146
　　6.1.4　典型案例数据 ⋯⋯⋯⋯⋯⋯⋯⋯⋯⋯⋯⋯⋯ 147
　6.2　老年人休闲活动时空行为分析 ⋯⋯⋯⋯⋯⋯⋯⋯⋯⋯ 148
　　6.2.1　老年人休闲活动概述 ⋯⋯⋯⋯⋯⋯⋯⋯⋯⋯ 148
　　6.2.2　老年人休闲行为时间特征 ⋯⋯⋯⋯⋯⋯⋯⋯ 148
　　6.2.3　城市生态公园老年人休闲行为空间特征 ⋯⋯⋯ 150
　6.3　城市生态公园老年人休闲行为模式 ⋯⋯⋯⋯⋯⋯⋯⋯ 152
　6.4　研究结论与建议 ⋯⋯⋯⋯⋯⋯⋯⋯⋯⋯⋯⋯⋯⋯⋯ 156
　本章参考文献 ⋯⋯⋯⋯⋯⋯⋯⋯⋯⋯⋯⋯⋯⋯⋯⋯⋯⋯ 157

第 7 章　贵阳花果园社区居民的居住满意度调查及分析 ·················· 159

　7.1　研究数据与研究方法 ························· 162

　　7.1.1　初步建立指标体系 ················· 162

　　7.1.2　问卷设计 ·························· 165

　　7.1.3　数据收集 ·························· 167

　7.2　样本分析 ····························· 167

　　7.2.1　问卷的信度与效度检验 ············· 167

　　7.2.2　样本基本信息特征分析统计 ·········· 168

　7.3　居民满意度分析 ························· 170

　　7.3.1　居民总体居住满意度统计分析 ········ 170

　　7.3.2　基于不同居民属性以及满意度指标的居住满意度

　　　　　分析 ···························· 171

　　7.3.3　Pearson 直线相关性分析 ············ 174

　　7.3.4　探索性因子分析 ··················· 176

　　7.3.5　标准化回归系数分析 ··············· 178

　7.4　不同居住小区居住满意度的空间差异分析 ········ 181

　7.5　建议与对策 ····························· 183

　本章参考文献 ······························ 185

第 8 章　同城非本社区居民对巨型开放性社区人居环境认知及满意度评价

　　　　——以贵阳花果园社区为例 ················· 189

　8.1　研究数据与研究方法 ····················· 190

　　8.1.1　问卷内容设计 ····················· 193

　　8.1.2　评价指标体系构建 ················· 194

　　8.1.3　调查对象选定 ····················· 195

　8.2　样本分析 ····························· 196

　　8.2.1　问卷数据样本分析 ················· 196

　　8.2.2　信度分析及相关性分析 ············· 196

　　8.2.3　评价分析方法 ····················· 198

　8.3　分析结果 ····························· 198

8.3.1 空间建设分析 ·· 199

8.3.2 景观规划分析 ·· 200

8.3.3 交通情况分析 ·· 202

8.3.4 生活环境分析 ·· 204

8.3.5 不同群体评价分析 ·· 206

8.3.6 评价指标整合分析 ·· 209

8.4 优化策略 ··· 210

本章参考文献 ··· 212

附录A 遥感解译原始 shape 数据图 ························· 215

附录B 贵阳市花果园社区居民行为问卷调查 ·········· 217

附录C 出行决策自变量等级划分表 ······················· 223

附录D 满意类型等级划分表 ································· 224

附录E 花果园社区居民通勤行为问卷调查 ············· 225

附录F 贵阳花果园社区居民的居住满意度问卷调查 ·········· 228

附录G 非本社区居民对贵阳花果园社区的认知问卷调查 ·········· 233

第 **1** 章

巨型开放性社区人居环境建设
——以贵阳花果园城市更新项目为例

1.1 研究区域概述

贵阳花果园是在贵州省大力实施城镇化战略背景下最具影响力的城市更新项目，是融合多种功能、配套齐全、总建筑面积大、具有代表性的典型巨型开放性社区综合体。

1. 花果园的历史演进

花果园名称的由来，要追溯到元朝初期。元至元十九年（1282 年）在贵州设立八番顺元等处宣慰司都元帅府。都元帅府在位于今花果园沙坡路附近建了一个带围墙的花园，供府内人员休闲娱乐。[3,4]明弘治《贵州图经新志》记载，花果园在治城武胜门（名为德化门）外，为前都元帅府带围墙的花园。明正统年间（1436~1449 年），按察副使李睿重修其园，园中旧有的芳菲堂、罂尽亭被废。自元朝开始，帅府花园周围均有大片良田。随着时间推移，住在帅府花园附近的农户，在花园围墙周围和土坎边种植果树、花卉、蔬菜，尤其以一种名叫"梦花"的花特别出名，久而久之，人们就把这个地方叫作"花果园"，此地名一直沿用至今。[5]

花果园一带自古以来是贵阳进出西南的重要通道，是到五里关、大关、牛市连等处运输粮草、蔬菜、煤和柴草的必经之地，远去惠水、广顺、罗甸、望谟也很便捷。现在的贵惠路是古时通往惠水、罗甸的驿道，人们便称这条路为驿马路。1927 年，这条路更名为贵惠（惠水）路；1936 年，人们称其为贵罗（罗甸）路；1942 年，其名称又改为贵惠路并沿用至今。

中华人民共和国成立以后，随着社会主义建设的飞速发展，花果园也与贵阳市的整体建设一起发生了翻天覆地的变化。进入 21 世纪，按照发展规划，贵阳以老城区为中心，实施"北拓、南延、西连、东扩"的空间发展策略，花果园、五里冲等区域正好处于几何中心位置。随着多年来贵阳城市向外扩展，外来人口不断增多，包含彭家湾、五里冲在内的花果园片区，新建民房多，逐渐成为当时全省最大的单体城中村和棚户区。由于缺乏规划、配套设施不完善等，改变迫在眉睫。

面对这一全国最大的单体棚户区改造工程，贵阳市政府确立了"政府主导，市场运作"的开发思路，制定一系列独创性的工作措施，启动花果园棚户区改造这一民生工程和生态工程。历时10余年建设，如今花果园"旧貌换新颜"，成为贵州最大的城市综合体和新兴社区，交通路网四通八达，商场、广场等城市配套完善，处处流露着现代化大都市的气息。

2. 巨型社区

根据《南明区五里冲片区危旧房、棚户区、城中村改造项目控规调整专家论证会会议纪要》，2011年花果园项目地块的"容积率调整为≤6.8"。该项目总拆迁量2万余户，涉及拆迁人口共计10多万人，总拆迁面积超过400万 m²，投资金额超过1000亿元，住宅建筑面积超过1200万 m²。2019年上半年，花果园社区入住居民约43万人。花果园位于城市中心2.5 km的都市圈功能辐射范围内，距离贵阳火车站1.6 km，其规划初期就被定位为一个高容积率、高密度、高高度的紧凑生态型新城。

3. 开放性综合社区

如图1.1所示，花果园社区有多样且丰富的人居空间，集住宅、商业、文化、艺术、商务办公、旅游、智能生活服务于一体，其规划目标是一个综合性的巨型城市社区，集新老城区的商业和居住为一体，实现区域级的商业服务和自然生态保护。该项目旨在打造贵阳市新城市都会区，社区采用了街区制，规划了12条市政主干道，3层立体交通及有轨电车环绕通行。2016年12月20日建成的贵阳3条快速公交均在花果园设站点。花果园拥有双子塔国际甲级写字楼、贵阳国际中心写字楼、国际金融街写字楼、环球商业广场、10个大型购物中心、6座主题公园、16万 m²人工湿地生态公园，并规划5所小学、3所中学、6所幼儿园、1家二级甲等综合医院，200万 m²商业区，150万 m²公寓，1230万 m²住宅，首家五星级疗养院，一个包括大剧院、图书馆、博物馆等多种建筑类型的花果园文化艺术中心等。

花果园社区为"一心、三轴、五组团、多节点"的总体规划框架。"一心"为中央商务区，也是整个规划布局的核心。该区域建筑的高度分别为35层、40层、45层、75层。中央商务区规划的重点是考虑新城的功能需求，补充和促进旧城市的传统工业功能。未来，该地区将成为贵阳市的中心城市功能区和现代城市商业活动中心，作为贵阳人流、物流、资本、信息和文化

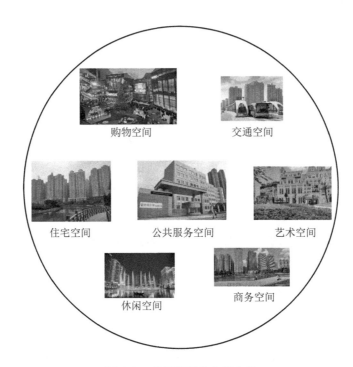

图 1.1　花果园部分人居空间

的集散地，可以提供高水平、集中和高端的区域商务服务[1]。

"三轴"包括以中央商务区和花果园湿地公园为主体的东部主轴线，以西部居住区和小车河湿地公园为主体的西部生态健康轴，以山体和生态湿地为主体的城市主轴线[1,2]。

"五组团"指五大居住组团，为花果园社区核心功能之一。居住组团为 300 m×300 m 的街廓，外部以城市机动车道围合，内部包含步行道和自行车车行道，以此种街坊框架为基础，开发街坊类型，形成居住组团。

"多节点"为商业节点，为打造 15 分钟生活圈，共配套 10 个大型购物中心，其中主要有生活购物广场、家居生活中心、休闲商业卖场、商务配套中心、环球商业广场以及花果园购物中心等。

1.2 花果园社区的区位分析

花果园社区位于贵阳市中心城区一环和二环之间的南明区西北侧，北部接壤云岩区，南部接壤小车河湿地公园，西部以杨家山隧道为界，东部以花溪大道为界。花果园北往浣纱路与贵阳汽车中心站相连，可以连接三桥和修文；花果园西与花溪大道北段相连，从贵黄高速公路可达安顺和黄果树；南与花溪、回水和罗甸相通；东可经过服务大楼、火车站、邮电大楼到油榨街，交通十分便捷。

如图1.2和图1.3所示，花果园社区共划分为22个区域，其中花果园核心区为中央湿地公园与大型购物中心，可为花果园社区居民提供基础的生活物资和休闲娱乐，同时吸引周围地区的居民前来消费。花果园各个区域之间通过道路和公共设施相互连接从而形成有机整体；并因地制宜地将社区内独立的山体作为天然屏障，以营造安全、静谧的小区氛围。花果园交通便利，

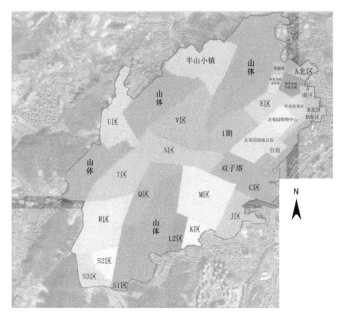

图1.2 花果园分区布局

社区居民出行方式多样，可以选择公交、步行、地铁、出租车等。社区周边自然生态环境良好，社会文化氛围浓厚，南部连接小车河湿地公园和阿哈湖水库，北部接近黔灵山公园，东部靠近筑城广场和河滨公园。

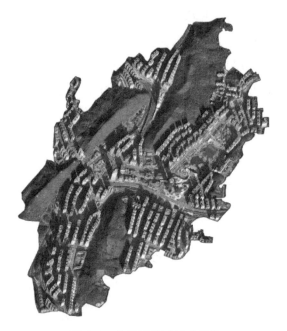

图 1.3　花果园社区遥感图像

1.3　花果园社区城市更新项目人居环境现状

在更新改造前，花果园辖区空间被定义为"四类居住用地"，区内的楼房多为自主搭建的低层住宅，建筑体分布较为杂乱且建筑密度较高，公共空间环境及公共设施不能满足人们的生活需要，存在人口密度较大、居住空间容纳不足、居住空间质量差等问题。贵阳市政府对花果园片区进行更新改造规划的定位为"二类居住用地"，致力打造具有居住、商业、办公、休闲多种功能的综合性大型城市社区。在更新完成后，花果园可容纳 50 万人居住。通过系统性的较高密度的城市建设，片区内的居住空间土地得到集约利用，提高了土地的利用率，且内部的城市功能完备，基础设施齐全，保证了较高质量的公共空间。在花果园的交通规划中，配备了城市基本的道路系统、行人通行系统、城市公交车系统（含快速公交系统）、城市轨道交通系统，以公共交通为导向的开发模式（transit-oriented development，TOD）和人车分流发展建设。[7]

总的来说，花果园的更新改造将完成向高新地区的转变，能够改善原来人居环境差、基础设施薄弱、建设用地浪费等一系列问题，成为整体规划有序、设施完备、环境优美、交通通畅的适合居民舒适生活、方便工作的城市中心。

本书根据花果园社区现状，分析其人居环境，包括空间建设分析、景观规划分析、交通情况分析、生活环境分析。

1.3.1 空间建设分析

在规划愿景下，花果园社区建设成为具有多元结构的紧凑型综合性大型社区，"紧凑型"和"综合性"强调了花果园建设的特征和目标，即以高容积率、高密度为形态特征，以土地集约、资源节约、功能设施完善、环境优美的适宜的居住环境为建设目标。花果园将面积 10 km² 的土地规划建设成一个大型城市综合体，约使用 0.67 km² 的土地进行建筑体建造，分为 22 个区，规划总建筑面积达 1830 万 m²，计有高层建筑 311 栋，其中 40 层以上高层建筑 259 栋。[8]

据官方数据，花果园容积率达到 6.92；建筑密度 76.8%；楼间距较小，最低楼间距为 7 m。花果园在更新建设完成后将含有 10 个大型的购物中心；[8]4 座大商业写字楼，共计达到 100 万 m²，含贵阳市最高建筑地标 406 m 双子塔；150 万 m² 公寓、1230 万 m² 住宅；涵盖五、六、七等级的高品质酒店集群；规划区内配套建设幼、小、高教育系统，中学 3 所、小学 5 所，小区组团内部含有多所幼儿园；1 家二级甲等医院，花果园全区也较为均衡地分布大、中、小型卫生服务中心和药房。

如图 1.4 所示，花果园各类型设施分布较均衡，分类较齐全。花果园社区强调城市的多样性和多种功能的混合，增强城市活力；强调城市的步行性和宜人的城市空间尺度；强调商业及服务设施的可步行性；强调生活设施处于步行距离范围内的生活圈内。此外,花果园也强调居住空间的混合,作为棚户区改造和城市更新项目,居住空间规划有回迁房、高档住宅、普通住宅、酒店公寓等,从人口结构平衡性策略出发,采用了合理的居住混合度和合理的收入阶层融合策略[1,2]。

图1.4 花果园设施分布

因山体缘故,花果园的建筑以不同程度集聚在各个区域,各区域内多以现代化的高度密集的写字楼和超高层商住建筑为主。花果园建筑在湿地地块主要沿水环境铺置,呈现出中心建筑向外梯式过渡的状态;湿地外的建筑则沿道路、山体周边布局(见图1.5)。建筑风格除有少部分欧式建筑和中式建筑外,以现代钢筋混凝土的高层建筑为主。

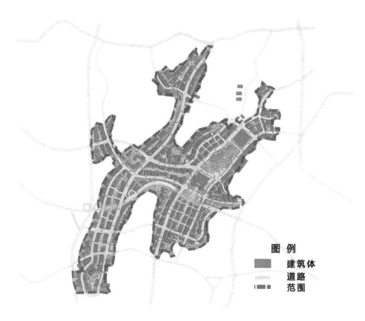

图例

　　建筑体
　　道路
　　范围

图1.5　花果园建筑分布

1.3.2　景观规划分析

　　花果园规划布局了几个大型主题公园，包括占地4050亩❶的自然山体公园、16万 m^2 的花果园湿地公园、10万 m^2 花果园中央公园、湿地旁的环球广场及6 km^2 小车河城市湿地公园，花果园的绿化率达到了58%。从数据方面看，花果园的绿化相当可观；结合实际的环境可以看出，花果园区域内的绿化主要为山体和公园。整个社区形成了南北向的主要景观轴、东西向的次要景观轴，花果园湿地公园与花果园中央公园形成了景观节点，各山体面形成了景观面（见图1.6）。山体的景观辐射面相对较大，但花果园高层建筑大多沿中心湿地公园呈梯式分布，使得位于区域边缘及区域内部的可获得的山体景观辐射和顺应的视线通廊大为削弱。花果园的建筑密度相对较大，规划以绿色廊道、行道树、屋顶花园等景观形式来缓解城市人工建设环境产生的负面影响。[9]

---

　❶　1亩约为666.67m^2。

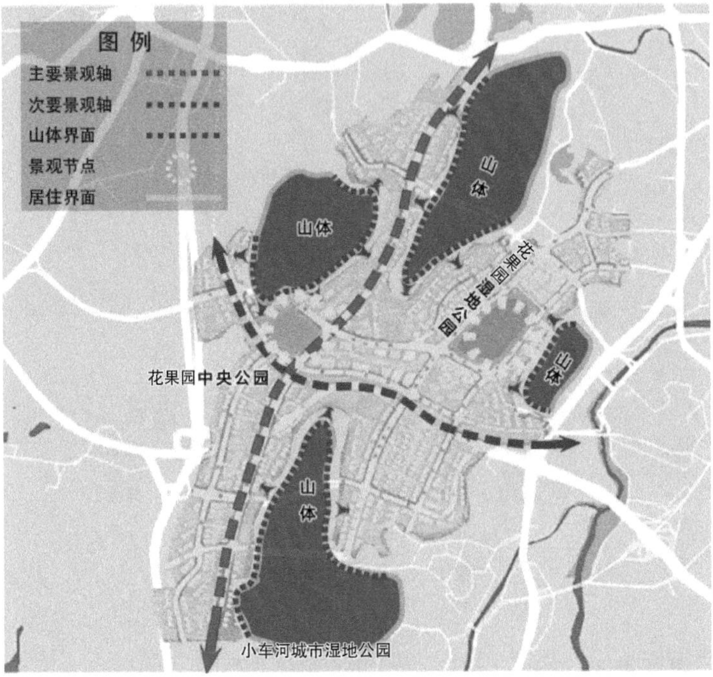

图1.6 花果园景观分析

1.3.3 交通情况分析

根据贵阳市城市中心道路网规划,花果园片区设7座隧道、21座桥梁、3个BRT车站、2个公交枢纽中心、"六横六纵"12条市政一级主干道。花果园开放式的交通布局不仅使片区内部自身空间格局得到优化,也增强了城市的通透性和微循环,在几个城区之间起到"分流渠"的作用。12条主干道纵横交错,总长度约为31.7 km,既解决了花果园内部的交通,又补充了贵阳各个板块的通行路网,完善了交通体系。

作为城中城的花果园,对区内道路规划以TOD的规划原则为基础,设计了12条主干道连接各区,其中横向为松花路从二桥连接花溪大道,隆惠路于湿地南下连接花溪大道,遵义中路从杨家山隧道连接花溪大道,贵黄公路于五里冲立交到艺桥立交,南大街(都会大街)和太金线贯穿花果园南部；纵向由小车河路、延安南路从北部转湾塘至小车河，松山南路、中山南路、公园中路、花果园大街以及各社区级的道路网连接内部各商住组团（见图1.7）。

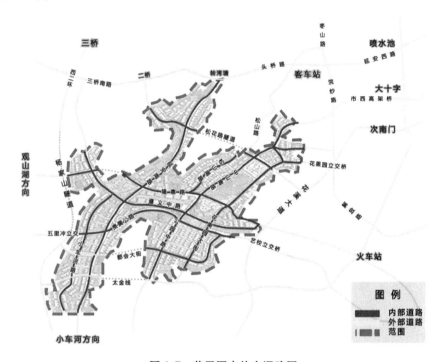

图1.7 花果园内外交通路网

资料来源：贵阳市南明区人民政务门户网站，花果园项目路网图。

花果园以公共交通为依托进行交通疏解，地面层集中布置地铁、公共汽（电）车、机动车交通及步行道路系统，公共交通干线多安排在快速道路上；地下设置轨道交通站点，在贵阳市轨道交通3号线的布局走向中，花果园区域内设置了花果园西站、花果园东站、松花路站（见图1.8和图1.9）。有轨电车和轨道交通3号线至今仍在建设当中，轨道交通3号线预计2023年年底全线完工。轨道交通3号线完工后，花果园"将成为贵阳地铁人流量最大的路线"。花果园社区内的有轨电车、地铁的完工，将会在很大程度上缓解居民的出行压力，相应地减少道路机动车的容入量，也在一定程度上缓解了道路的交通压力，减少拥堵情况。

图 1.8　花果园有轨电车路网

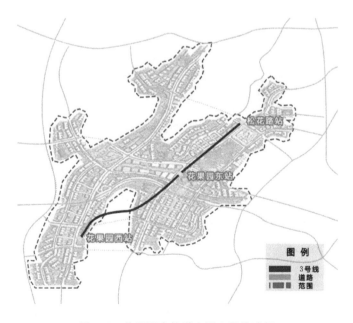

图 1.9　花果园内轨道交通 3 号线路径

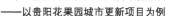

据相关统计，花果园人流量每日可突破百万人次，一分钟约有 555 人次进入贵阳花果园综合体，一分钟有千余辆汽车通过花果园，车流量基本上大于设计道路车容量，易出现交通堵塞现象；据《贵州日报》2022 年 12 月 21 日报道，据贵阳市公安交通管理局南明区分局民警表示，由于花果园是开放型社区，车流量大，每日仅机动车流量就在 10 万辆以上，违章停车现象出现的概率较高。

1.3.4　生活环境分析

生活环境分析包括水、声、气环境及生活垃圾四个部分。

（1）对花果园水体环境的分析分为对污水、废水的处理及湿地部分。花果园排水工程规划设计参照了贵阳市总体规划中对排水规划的要求，实行雨水和污水分流的原则。雨污分流的管道沿道路布置向下深埋约 1.5 m，在合适的地点设置了跌水井，在道路宽度大于 30 m 处采用双侧埋设污水管增大了引流，收集的水体排入就近的南明河。

（2）花果园区域内的噪声主要来源为建设施工噪声，随着海豚广场和双子塔的建设已经进入收尾阶段（截至本书出版，工程尚未完工），施工产生的噪声将会有很大改善，但还存在轨道建设产生的施工噪声、过往车辆因为鸣笛和其他情况产生的噪声、商业门铺营销噪声及居民生活娱乐产生的噪声。

（3）花果园区域内山体、湿地等绿色景观较多，空气得到净化，且区内通风良好。废气污染的主要来源为过往车辆排放的废气及建设施工中产生的扬尘。

（4）花果园区域内合理布设垃圾箱，建筑体地下室设置垃圾间，住户生活垃圾统一集中在建筑体下的垃圾间，再由环卫部门集中运至垃圾场，实现全封闭清运。

随着花果园区域的人口增加和经济发展，花果园吸引了很多经济产业基地转移到此，也扩大了很多企业的生存空间。花果园如今成为一个多领域、多就业岗位的商务区。随着企业的入驻和就业人员的增多，花果园经济产业得到空前的发展，但也使居住环境受到外来因素的不利影响，主要表现在以下方面：

（1）花果园社区是一个外来人口密集的城中城，贵阳市人口占35%，贵州省内地市州人口占50%，省外人口占15%。居民异质性明显，居民成分比较复杂，人流量大[10]。生活空间逐步被蚕食，商业化倾向严重，花果园外来人口增多，本土文化受到冲击，社区空间居住问题逐步显现。

（2）花果园践行多元融合发展思路，人、财、物高度集聚，在多元人口以及多元产业发展之下，房屋出租、饲养宠物、邻里关系问题以及自行车、摩托车及小汽车停车场管理及收费问题、住改商问题、占道经营问题等容易引发纠纷。

（3）花果园巨型社区人口较多，上下班高峰期交通拥堵较严重，交通事故发生概率升高。

（4）花果园是城市新生网红社区，无根社区特征明显，夜间经济活力强劲，但容易衍生出人居环境和治安问题。

花果园社区的多元性不仅表现在多元文化，还表现在土地利用的"居住+"模式，如图1.10~图1.13所示。花果园社区体量巨大、开放性强，且多为高层建筑。其居住用地与医院、学校、图书馆、商店、餐饮、消防、公安、社区管理机关等存在大量一体化模式，主要表现形式为高层建筑的低层多用于商服功能（零售、餐饮、旅馆、商务金融、娱乐等）和公共管理与公共服务功能（医疗卫生、教育、文化设施、机关团体、科研单位、体育设施等）；高层则多为住宅，以满足花果园社区的居住功能。

图1.10　花果园社区住宅、医院及农贸市场等一体化

图 1.11 花果园社区公安、公共人力资源服务大厅与住宅、商店等一体化

图 1.12 花果园社区商务、图书馆、住宅等一体化

图 1.13 花果园社区消防、金融、餐饮、住宅等一体化

1.4 备受关注的贵阳花果园社区

更新改造前的花果园片区在贵阳城市向外扩展过程中逐步成为外来人口聚居地，演变成贵阳乃至贵州省最大的单体城中村和棚户区，乱搭乱建、缺乏配套、环境保护意识不强。改造后的巨型社区花果园因其开放性、高密度

性、大体量以及巨大的变化备受政府、居民及媒体的关注。贵州花果园社区更新项目是贵阳乃至贵州省著名的城市更新项目，其巨大的影响力使相关的新闻报道频繁出现在中央及地方的各类媒体上。贵阳花果园社区并未因为城市更新项目的结束而从人们的视线中消失，随着居民、企业、学校、医院等的入驻，产生了很多新的话题。贵阳花果园是一个值得研究的巨型开放性典型社区案例。

表 1.1 为"贵阳花果园"与"贵阳"两个关键词的百度搜索指数。该数据体现互联网用户对关键词的关注程度及持续变化情况。以互联网用户在百度的搜索量为数据基础，以关键词为统计对象，科学分析并计算出各个关键词在百度网页搜索中搜索频次的加权值。根据数据来源的不同，搜索指数分为 PC 搜索指数和移动搜索指数[11]。通过表 1.1 及图 1.14 可以看出，在贵阳花果园城市更新项目基本完成后，从 2018 年 1 月 20 日到 2021 年 1 月 20 日，"贵阳花果园"热度一直较高，该关键词的整体日均百度搜索指数约为关键词"贵阳"的 14.19%，该关键词的移动日均搜索指数约为关键词"贵阳"的 14.27%。

表 1.1　"贵阳花果园"与"贵阳"两个关键词的百度搜索指数

关键词	整体日均百度搜索指数	移动日均搜索指数
贵阳花果园	641	519
贵阳	4516	3636

注：数据时间为 2018 年 1 月 20 日至 2021 年 1 月 20 日，数据为平均数据。

表 1.2 为"贵阳花果园"百度搜索指数关键词的搜索地域分布，该地域分布数据为搜索该关键词的用户来自哪些地域。算法说明：根据百度用户搜索数据，采用数据挖掘方法，对关键词的人群属性进行聚类分析，给出用户所属的省份、城市，以及城市级别的分布及排名[11]。由表 1.2 可以看出，关注"贵阳花果园"最多的是贵阳市和遵义市的网络用户，其次为成渝城市群的网络用户，再次为深圳、北京等一线城市的网络用户。由此也可以看出，"贵阳花果园"的影响力较大，能吸引到省内外网络用户的关注。

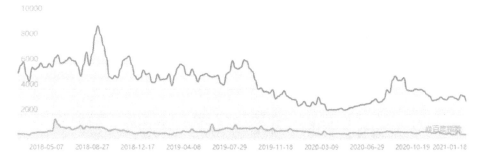

图 1.14 "贵阳"与"贵阳花果园"百度搜索指数的关键词搜索趋势

表 1.2 "贵阳花果园"关键词关注的地域分布排序

排名	区域	省份	城市
1	西南	贵州	贵阳
2	华东	广东	遵义
3	华南	四川	成都
4	华中	浙江	重庆
5	华北	江苏	深圳
6	东北	重庆	北京
7		湖南	杭州
8	西北	北京	广州
9		云南	上海
10		福建	长沙

注：数据时间为 2020 年 1 月 21 日至 2021 年 1 月 20 日。

图 1.15 和图 1.16 分别为"贵阳花果园""贵阳""全网"百度搜索指数关键词的搜索用户年龄分布及性别差异的统计情况。算法说明：根据百度用户搜索数据，采用数据挖掘方法，对关键词的人群属性进行聚类分析，给出用户所属的年龄及性别的分布及排名[11]。百度搜索"全网"数据作为基础

17

对比数据，"贵阳"关键词作为与"贵阳花果园"百度搜索参照对比数据。

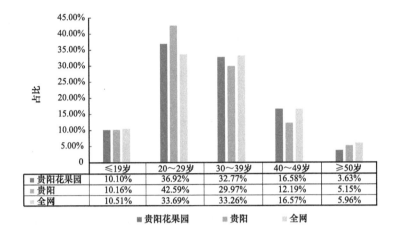

	≤19岁	20～29岁	30～39岁	40～49岁	≥50岁
贵阳花果园	10.10%	36.92%	32.77%	16.58%	3.63%
贵阳	10.16%	42.59%	29.97%	12.19%	5.15%
全网	10.51%	33.69%	33.26%	16.57%	5.96%

■ 贵阳花果园   ■ 贵阳   全网

图 1.15 "贵阳""贵阳花果园""全网"百度搜索指数关键词的搜索用户年龄分布

注：数据时间为 2020 年 12 月 1 日至 31 日。图中各分项比例之和约为 100%，
是由于数值修约误差所致。

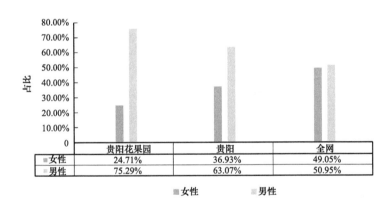

	贵阳花果园	贵阳	全网
女性	24.71%	36.93%	49.05%
男性	75.29%	63.07%	50.95%

■ 女性   ■ 男性

图 1.16 "贵阳""贵阳花果园"百度搜索指数关键词的搜索用户性别差异

注：数据时间为 2020 年 12 月 1 日至 31 日。

如图 1.15 所示，通过百度网络渠道关注"贵阳花果园"相关信息的用户年龄差异较大。从年龄段用户分布情况来看，20～29 岁年龄段的人数最多，30～39 岁年龄段的人数排第二位，再次为 40～49 岁人群，50 岁及以上年龄段的人数最少。"贵阳花果园"和"贵阳"百度搜索关键词受到更多年轻人的关注，说明贵阳花果园社区及贵阳市的发展前景较为光明，发展潜力

较大，也说明花果园社区的特征与文化更容易受到年轻人的接纳与认可；而50岁及以上年龄段的用户关注贵阳花果园的很少，仅占到人数的3.63%，且低于"全网"数据；19岁及以下年龄段的人数差异与"全网"数据相比相差不大。

从图1.15也可以看出，关注"贵阳"和"贵阳花果园"的用户年龄段有细微差异。在30~39岁年龄段以及40~49岁年龄段，"贵阳花果园"关键词搜索用户数量稍高于"贵阳"关键词搜索用户数量。处于30~39岁以及40~49岁年龄段的人群是社会的中坚力量，也是购买力最高的人群，调研结果从侧面反映出贵阳花果园不仅是住宅小区，同时包含了商业、金融、娱乐等多种功能，因而具有较大的吸引力。

如图1.16所示，通过百度搜索关注"贵阳"和"贵阳花果园"的用户性别可见，男性用户人数显著高于女性用户人数，而搜索"贵阳花果园"的用户中男性人数约为女性人数的3倍，搜索"贵阳"的男性用户约为女性用户的2倍。分析其原因，除百度搜索的用户男女性别固有差异外，"贵阳花果园"的一些自带属性也影响了男女性别差异，可能的原因有房产投资属性、创业工作属性、娱乐休闲属性、商业金融属性等。

1.5　花果园社区邻近城中村人居环境特征研究
——以蔡家关村为例

在城市更新项目开展之前，花果园社区为比较典型的城中村，是贵阳快速城市化进程中的产物。城中村与城市化的速度和质量、城乡土地资源集约利用、城市产业结构调整、城市生态、城市现代化都有着很大的关系[12,13]。目前，国内许多学者从经济[14]、社会[15]、管理[16]、规划[17]等角度分析城中村问题，同时也探讨了城中村改造的阻力[18]、改造的困难[19]、改革政策[20]、治理措施[21]等，关于城中村人居研究已积累大量成果[22,23]。花果园城市更新改造项目是贵州省最大的棚户区改造项目，该项目在2014年基本建成并开始投入使用[24]。对于花果园在被改造以前的实际人居环境特征，只能在以往的照片、视频、文字、遥感影像中找到记忆。但是我们可以从离花果园社区仅一路之隔的蔡家关村现状一窥花果园改造之前可能会出现的人居环境特征。本节从环境状况、基础设施状况、房屋住宅设计、社会服务与社会关系四个方面分析蔡家关村的特征，试图从该邻近社区现状探究如果花果园巨型社区未改造，其可能出现的另一种人居环境状态以及发展方式。

1.5.1 研究区域概况

蔡家关村位于贵阳市西郊，与花果园社区由一条开山大道五里冲路相隔（见图1.17），为典型的城中村。根据贵阳市公安局蔡家关村数据显示，蔡家关村面积约3.89 km²，实有人口近5万人。蔡家关按区域主要划分为下坝路、下寨路、长坡路、新村路、草坝路五个片区。

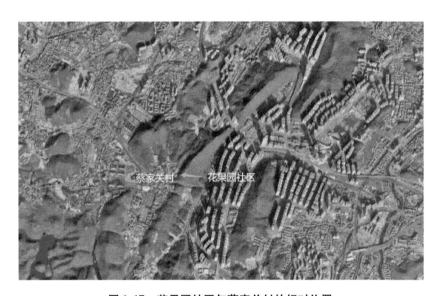

图1.17 花果园社区与蔡家关村的相对位置

1.5.2 调查方法

1. 调查问卷法

通过问卷调查获取蔡家关村人居环境调查资料，为分析蔡家关村人居环境提供定量分析基础。本调查共发放问卷53份，回收有效问卷50份，回收率约为94.3%。被调查人群情况如图1.18所示。

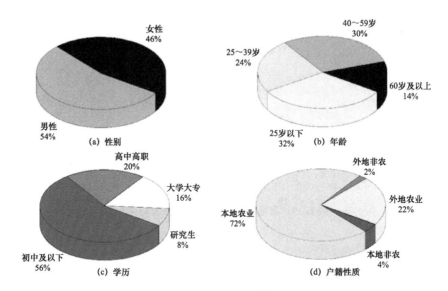

图 1.18 问卷调查概况

2. 实地走访法

走访蔡家关村的居住区，通过拍照、访问当地常住居民等方式获取更为直观的蔡家关村居住环境、绿化设施等现状。

1.5.3 蔡家关村人居环境特征

根据以上调研，蔡家关村在作者调研时存在以下现象，并未对蔡家关村的过去进行追溯，也未对其将来进行预测。

1. 环境状况

蔡家关村的突出问题之一是环境问题，具体表现为垃圾随处堆放、垃圾集中堆放点脏乱、村道脏乱、住宅不整洁、生活用水质量存在问题等。调查结果显示，有44%的居民随意丢弃垃圾，仅有8%的居民表示能够分类投放垃圾。据了解，垃圾集中投放点1~2天才清运一次，有的垃圾集中投放点甚至一周才清运一次。因此，不能及时清运垃圾集中投放点的垃圾是造成环境问题的重要影响因素之一（见图1.19）。

除此之外，村道、居民房屋前后随处可见垃圾。有32%的居民认为自己所居住的地方有污水的恶臭味。据了解，部分居民乱排生活污水，导致村道、居民房小巷常积有污水（见图1.20），尤其是农产品交易场所。

21

图 1.19　清运不及时的垃圾（作者自摄）

图 1.20　积有污水的排水沟和路面（作者自摄）

居民的生活用水问题也十分突出，74%的居民表示家中自来水停水频率达到一个月两次。雅河治理有待提高（见图 1.21）。

图 1.21　水源地保护不到位（作者自摄）

由于规划不合理，村内绿化景观缺失，有部分自然绿地，但破坏严重，绿地内堆有建筑废物的垃圾。有86%的居民表示绿化方面最大的不足是绿化规划不好和管理不当（见图1.22）。

图1.22　自然绿地破坏（作者自摄）

2. 基础设施状况

蔡家关村的基础设施建设有待更新，突出表现为三个方面，即电线、电缆乱布，排水系统落后，道路不规范且损毁严重。村道内尤其是居民房之间的狭小空间随处可见缠绕、乱接的电线（见图1.23），这种电路的布置带来极大的安全隐患，容易引发火灾、触电等事故，有72%的居民表示经常出现停电现象。在访谈过程中，有居民表示看到过露天电线起火花，且十分担忧安全状况。由于村内排水系统不完善，经常导致路面积水，尤其是在雨天。也有居民直接将生活污水排到路面上，造成路面脏乱，村内道路都存在一定程度上的损坏（见图1.24），修缮不及时，给居民出行带来一定困难；且道路上随处可见乱停放的车辆，乱停车严重阻碍了居民出行，且不利于消防援救（见图1.25）。

3. 房屋住宅设计

蔡家关村的房屋基本上为居民自建房，缺乏统一规划，显得杂乱无章（见图1.26），严重影响村内景观。此外，存在部分违章建筑，如随意加层、非法扩建等。由于建筑与建筑之间间距太小，采光、消防通道不足，严重影响居民生活质量与安全。24%的居民表示自己的住房出现裂痕，66%的居民表示自己的住房出现漏水现象，88%的居民表示安全出口被堵住，78%的居民表示在家中能听到走廊、楼梯间及隔壁、楼上楼下的噪声。可见,居民的住房问题较为严峻。但访谈结果也显示大部分的居民对此表示可以接受,尤其是在此地租房的居民表示该地租金便宜,可以接受这样的条件。

图 1.23　杂乱的电线(作者自摄)

图 1.24　有一定程度损坏的路面(作者自摄)

图 1.25　被占用的道路(作者自摄)

图 1.26 不合理的建筑（作者自摄）

4. 社会服务与社会关系

蔡家关村内社会服务基础设施基本能够满足居民生活所需。实地调研结果显示，蔡家关村范围内有社区医院 2 所、中西医院 1 所、诊所卫生室 4 所，能够满足居民需要（见图 1.27）。蔡家关村范围内共有幼儿园 5 所、小学及中学 3 所，能满足基础教育需要（见图 1.28）。蔡家关村范围内有农产品交易市场 1 个，且不同组有临街摊位售卖农产品（见图 1.29）。据访谈结果，村民对蔡家关村学校教学质量基本满意。由于蔡家关村 88% 的居民为流动人口，主要为外来务工者、刚毕业的大学生、在读大学生和自由职业者，76%的居民认为蔡家关村不安全，主要原因是人员状况复杂、流动人口聚集和安保设施不完善。调查结果显示，36% 的居民不认识自己的邻居，44% 的居民表示与自己的邻居不熟悉，仅有 22% 的居民表示自己与邻居的关系很好。

图 1.27 部分医疗设施（作者自摄）

图 1.28　部分学校设施（作者自摄）

图 1.29　农产品交易场所（作者自摄）

1.5.4　蔡家关村人居环境改善对策

为科学推进城镇化进程，进一步缩小城乡发展的差距，促进和谐社会的发展，对蔡家关村提出如下改进建议。

1. 打造特色产业，提高经济收入

蔡家关村距离市区较近且有大量的耕地，利用特殊的地域优势，搞好特色农业的发展，规模化生产农产品，为市区提供新鲜蔬菜，能够增加居民的收入；有关部门应在一定程度上对居民进行就业培训，增加就业机会，减少贫困；完善居民最低生活保障制度。

2. 完善基础设施，加强管理

基础设施的落后与不及时修缮给居民的日常生活带来诸多不便与安全隐

患，相关部门应重视基础设施建设，加大基础设施建设的投入，加强基础设施的管理，为居民营造舒适、安全的居住环境。重视居住区基础消防设施的建设，并对居民进行消防安全教育；调整居住区域内不合理的电路网，改造排水系统，修缮损坏的道路等。加强环境治理，增设垃圾收集站点，及时清运垃圾，加大环境保护宣传力度，加强对居民的环境保护教育，提升居民素质。

3. 科学合理规划，建设美丽社区

蔡家关村在发展的过程中最终会演变成为城市区域。为能够更好地融入城市，提升城市品位，政府应依据人居环境特点，科学合理规划蔡家关村。规整道路，确保消防救援能够及时到达受灾地点，整治乱停车现象，确保道路畅通；拆除违规建筑，提升建筑的品质与特色等；重视休闲绿地等的规划，营造生态宜居的环境，建设美丽社区。

4. 找回流失的民族文化，建设和谐社区

贵阳市城中村中有许多少数民族常住居民，但是少数民族的文化并没有充分展示，应找回流失的民族文化，对传统文化予以保护和保留，如举行民族节日庆祝活动等，不仅能加强邻里之间的沟通交流，促进邻里的关系和谐，还能传承优秀民族文化；加强居住区的治安管理，尤其是要加强对流动人口的管理，促进和谐社区的建立。

1.5.5 对花果园巨型社区更新项目的启示

蔡家关村是贵阳市城中村的典型代表。贵阳城中村是指在贵阳市行政区域范围内，在地域上已经进入城区，但户籍、土地权属、行政管理体制、生产经营方式等方面仍然保留农村体制的聚居村落。如前所述，蔡家关村在人居环境方面均有需要提升的方面。

为切实加强和规范城中村改造工作，进一步完善城乡功能，促进城区发展，提高居民生活质量，维护农民合法权益，保障社会稳定，加快城市化进程，实现城中村乡村型居民点向城市社区转变、农村居民向城市居民的转变、农村居民生活方式向城市居民生活方式转变。贵阳城中村改造修建性详细规划编制应做到"一村一方案"，编制规划应充分听取村民意见，并经村民会议通过。

怎样的城中村更新项目才算是成功的呢？怎样做到人民满意度高的城中村更新项目呢？怎样切实改善原有村民的生活环境，提高生活质量，建设融合于城市、环境优美、配套完善、功能齐全的可持续发展新型文明社区？怎样实现"改出一片产业，改出一片新居，改出一片环境"的目标？

花果园更新项目是具有贵阳特色的实践案例，是通过市场主导、对大型片区进行统一更新改造的建设成果，堪称多功能的生活、工作综合体。花果园更新项目在规划、设计、征收、建设实施的过程中采取了大量的积极措施，从而全力推进项目更好、更快实施。

花果园巨型社区更新项目在配套修建垃圾转运站、公厕、社区居委会办公用房；合理规划停车场，公共绿地，供水、供电、供气设施以及中小学、托幼、社区医疗服务、安全、社区管理等公共服务设施，以及设置必要的村民就业场所等方面积累了大量的经验与教训。

但是，花果园巨型社区在更新项目后在社会属性上仍有城中村特征，是一个人口密集的"城中城"，这里人流量大，居民异质性明显，因此，探索并总结具有包容性且管理有效的花果园更新项目的宝贵经验与教训具有重要意义。

贵州在城市化道路上需要进一步增强风险意识，深化对社会治理规律的认识，以基层基础建设为支撑，勇当社会治理创新的"探路者""实践者"，全力打造社会治理创新应用区，也争取为贵阳更多的更新与改造项目探索创新之路。

本章参考文献

[1] 李蕾. 紧凑生态型新城规划中的"缝合"策略：贵阳花果园新城规划设计解析 [J]. 规划师，2011，27 (5)：56-62，68.

[2] 李蕾. 贵阳花果园新城生态规划与设计解析 [J]. 建筑学报，2011 (S1)：28-33.

[3] 陈长发. 《锦绣南明》概况 [J]. 贵阳文史，2006 (3)：51-53.

[4] 政协南明区委员会. 锦绣南明 [M]. 贵阳：贵州人民出版社，2006.

[5] 贵州省文史研究馆，贵州历史文献研究会. 贵州图经新志（点校本）[M]. （明）沈庠，删正. 赵瓒，编集. 张光祥，点校. 贵阳：贵州人民出版社，2015.

［6］彭寻启.从700多年的老地名到如今的大型城市综合体：探访花果园的"前世今生"
[N].贵阳晚报，2019-11-15（A14）.

［7］杨钧月.贵阳市花果园新城交通规划分析及启示［J].山西建筑，2016，42（23）：
33-34.

［8］中国产业经济信息网."亚洲超级大盘"吸引人口流入 助力贵阳"逆袭"GDP 排行
榜［EB/OL].（2018-04-28）［2020-04-12］.http://www.cinic.org.cn/hy/zh/
432493.html.

［9］田艳.贵阳花果园城市综合体建筑与自然环境的和谐发展研究［D].武汉：武汉工
程大学，2017.

［10］吴一文，陈真波，刘锦涛，等.超大型社区社会治理探析：以贵阳花果园为例［J].
贵州警察学院学报，2023，35（1）：3-12.

［11］百度指数.帮助中心［EB/OL].［2020-05-30].https://index.baidu.com/v2/main/
index.html#/help.

［12］何明俊.作为公共政策的土地发展权：关于建立城乡统一的建设用地市场的思考
［J].城市规划，2022，46（11）：14-20.

［13］张理政，叶裕民.城中村更新治理40年：学术思想的演进与展望［J].城市规划，
2022，46（5）：103-114.

［14］田莉，吴雅馨，严雅琦.集体土地租赁住房发展：政策供给何以失灵——来自北上
广深的观察与思考［J].城市规划，2021，45（10）：89-94，109.

［15］仝德，顾春霞.城中村综合整治对租客居住满意度的影响研究：以深圳为例［J].城
市规划，2021，45（12）：40-47，58.

［16］赵冠宁，黄卫东，李晨，等.从"刚性计划"到"韧性计划"：深圳城市更新计划管
理的制度选择［J].规划师，2022，38（9）：31-39.

［17］胡靓，沈莹，张彦庆.国内城中村社区建筑空间营建的典型案例探析［J].城市建
筑，2022，19（23）：121-125.

［18］秦抗抗，常胜.城中村村民向市民转化的阻碍因素分析：以广州荔湾区城中村为例
［J].农村经济与科技，2009，20（11）：10-11，45.

［19］白桂梅.浅析太原市城中村改造中失地农民的现状［J].中共太原市委党校学报，
2015（2）：27-28.

［20］曾甜.基于城中村改造的公共政策分析［J].山西建筑，2019，45（2）：252-253.

［21］王丹丹.现代化视角下城中村治理困境及路径探析［J].大连干部学刊，2019，35
（4）：36-41.

［22］李想，周绍文．人居环境科学视角下城中村更新改造［J］．城市建筑，2021，18
（8）：29-31，124．

［23］宋茜茜．基于人居环境科学研究背景下的城中村改造更新思考：以昆明市斗南城中
村空间更新延续为例［J］．城市建筑，2022，19（8）：23-25．

［24］花果园项目办公室．花果园棚户区改造项目报告［M］．北京：社会科学文献出版
社，2014．

第 **2** 章

巨型开放性社区土地利用类型时空演变
过程及其生态效应对比研究
——以贵阳花果园社区和北京天通苑社区为例

随着时代的发展与科学的进步，社区的发展建设以其功能（职能）的提升优化为主要脉络开展。社区由传统村落逐步发展演化为城市社区与乡村社区，其职能由居住、工作、人际关系逐步延伸为行政、管理、教育、医疗以及生态等，由基本物质建设过渡到精神文明建设。西方对社区的研究起源于社会学，滕尼斯最早提出社区的定义，他将人口的社会构成很相似且关系密切、具有共同价值观的社会群体和社会关系视为社区[1]。随着西方国家工业化与城市化的发展，社区最初的功能受到冲击，社区人口的社会构成发生异构，人口素质水平参差不齐，导致人们对于社区的依赖度逐步降低。社区功能的弱化给西方国家的城市带来了贫穷人口暴增、公共秩序混乱、环境越加恶劣等社会问题。传统农业文明给中国城市留下了深刻的烙印，中国特色的社会发展历程和道路孕育出中国城市社区的特质，把握这种特质，追溯其根源，对开展具有中国特色的城市规划、解决城市问题都有重要意义。[2]

中国的高密度巨型社区多源于城市中心更新工程或者城郊棚户区改造工程，作为巨型社区，其修建、改造、入住、配套设施的逐步完善，社区成熟，社区住户更替，以及社区扩张等过程，不是一朝一夕可以完成的。社区是城市的重要组成单元，其职能的强化既是社会发展进步的缩影，也是城市化进程向前迈进的具体体现。本章对比我国两个典型巨型社区土地利用类型演变的景观格局及其产生的生态效应，以遥感图像等数据为基础，基于 GIS 技术，针对样本社区地理空间数据的时空演变，展开（目视）遥感图像解译、土地景观类型统计与分析。基于相关数据的汇总计算，利用统计分析软件制作相应数据表格，从不同土地利用类型面积变化、斑块数量结构对比等方面，分析比较贵州省贵阳市花果园巨型社区和北京市天通苑巨型社区的耕地、林地、住宅用地、水域等土地利用类型在时间和空间两个维度上的变化规律及其生态效应，提出我国不同巨型社区景观格局及其生态效应的优劣差异。

花果园社区是全国范围内最大的棚户区改造项目之一，是贵阳市中心住宅与商务办公区，位于贵阳市中心，地处南明区。其规划范围包括彭家湾片区和五里冲片区，南至南郊公园，北至延安西路，东至花溪大道，西至甲秀南路。项目总规划面积达 10 km²，总拆迁量达 2 万余户，涉及拆迁人口高达 10 多万人，总拆迁面积超过 400 万 m²。

贵阳花果园社区是集住宅、商业、文化、艺术、商务办公、旅游、智能生活服务于一体的大型城市综合体。其规划总建筑面积为 1830 万 m^2，其中商业区 200 万 m^2，公寓 150 万 m^2，住宅 1230 万 m^2。此外，区域内规划有 12 条市政主干道、10 个大型购物中心、6 座主题公园、5 所小学、3 所中学、6 所幼儿园、1 家二级甲等综合医院。

据多彩贵州网统计数据，截至 2019 年 6 月底，花果园社区已入住人口达 14.3 万户，共计 43 万余人。此外，入驻的企业、商户多达 2 万余家，日均人流量高达 100 万人次。

北京天通苑社区始建于 1999 年，是国内大型居住社区之一，是北京最大的经济适用房聚集地区，位于北京市昌平区东小口镇（北京市五环外）。天通苑分为两个行政街道，即天通苑南、天通苑北。据北京市昌平区统计局、昌平区第七次全国人口普查领导小组办公室于 2021 年 6 月 11 日发布的北京市昌平区第七次全国人口普查公报显示，天通苑南街道常住人口 116529 人，天通苑北街道常住人口 142707 人。天通苑小区由天通（本）苑、天通东苑、天通西苑、天通北苑、天通中苑五个区域组成，总占地面积达 48 万 m^2，规划面积 42 万 m^2，规划建筑面积高达 600 万 m^2，其中经济适用房 35 万 m^2。

天通苑社区是北京市职住分离的缩影，区域规划共 16 个区，近 700 栋居住住宅。作为北京市较为成熟的经济适用房社区，天通苑区域内基础设施功能配套齐全，涵盖了住宅、商业、教育、医疗、金融、文化等服务功能。

2.1　研究数据与研究方法

2.1.1　技术路线

以贵阳花果园和北京天通苑两个巨型社区 2006 年、2012 年、2018 年三个时期的遥感图像作为主要的数据源，以样本区的规划资料及其他相关数据为辅佐数据源，利用 ArcGIS 等软件，在对样本社区进行土地景观分类的前提下，对遥感图像数据进行分类处理，获取样本社区三个时期的土地利用类型图，通过对其土地景观类型、面积、数量等相关数据的汇总分析，从斑块数量结构、土地利用类型面积变化等角度分析对比样本社区的景观格局演变，并在此基础上，通过其生态服务价值的体现，对比分析样本社区景观格局的生态效应。研究的具体技术路线如图2.1所示。

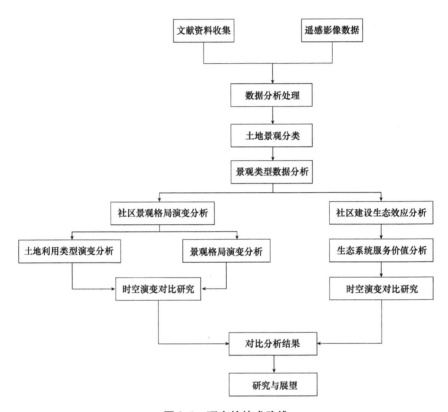

图 2.1 研究的技术路线

2.1.2 数据来源

1. 遥感图像数据

遥感图像数据基于贵阳花果园与北京天通苑两个巨型社区 2006 年、2012 年、2018 年的 Google Earth 影像（见图 2.2 和图 2.3）。

2. 其他数据

其他数据包括贵阳花果园与北京天通苑最新社区边界图、社区规划图、

社区建设背景、区域概况等数据,以及其他相关两个巨型社区景观格局和生态效应的研究文献中的数据。

(a) 2006 年 6 月　　　　(b) 2012 年 6 月　　　　(c) 2018 年 7 月

图 2.2　贵阳花果园社区遥感图像

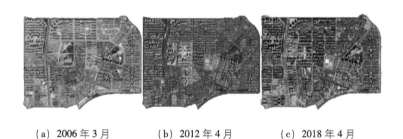

(a) 2006 年 3 月　　　　(b) 2012 年 4 月　　　　(c) 2018 年 4 月

图 2.3　北京天通苑社区遥感图像

2.1.3　数据处理

1. 范围界定

社区范围界定基于贵阳花果园与北京天通苑两个社区 2006 年、2012 年、2018 年三个不同建设时期的实际情况,依据最新社区规划图,以社区外围城市道路为界定基准,通过 ArcGIS 10.2 新建 shape (line) 文件划定两个社区的范围界线,最终将其转换为 WGS1984 投影下的矢量文件。

2. 数据转换、拼接、裁剪

利用 ArcGIS 10.2 的图像处理功能,将初期收集的遥感数据影像格式由 TIFF 格式转换为 shape 格式。由于两个样本社区不同时期用地景观的时空演

变以及影响的成像时间不同，存在一定的空间差异，为了查缺补漏，提升目
视解译结果与实际情况的吻合性，针对解译后的数据图幅进行数据转换、拼
接、拓扑查错等操作。基于两个样本社区的最新图幅边界，利用 ArcGIS 10.2
进行图像裁剪，以获得两个样本社区的栅格数据。

2.2 样本社区土地利用类型分类

2.2.1 巨型社区土地利用类型分类标准

北京天通苑社区地理区位特殊，是北京市最大的经济适用房聚集地
区。贵阳花果园社区地理区位相对优越，地处贵阳市中心，但由于贵州省
山林地貌的独特基调，在凸显城市景观的同时，区域内及其周边尚未改造
的棚户区域又沉淀了一定的乡村景观，区域内的城市景观与乡村景观具有
一定的耦合性。在确定研究区域内土地利用分类时，考虑到了两个样本社
区实际情况的特殊性，依据两个样本社区的规划布局以及建设现状，参考
《土地利用现状分类》（GB/T 21010—2017），以《第三次全国国土调查工
作分类地类认定细则》以及研究区域实际情况，将两个巨型社区 2006 年、
2012 年以及 2018 年的用地类型划分为"建设用地""农用地""未利用
地" 3 大类。因花果园社区商务用地、公用设施与公共建筑用地、住宅用
地的景观与生态功能具有一致性，也根据地理学研究的特征和沿袭前人研
究，本书将其统称为建设用地[3-5]。结合样本社区各用地类型的规划布局
以及其生态功能，将贵阳花果园社区与北京天通苑社区的用地类型划分为
3 大类 7 小类（见表 2.1）。

表 2.1　土地利用类型分类

序号	一级分类	二级分类	主要内容
1	建设用地	商务用地、公用设施用地、公共建筑用地、住宅用地、交通运输用地等	城市居民住宅、医疗、卫生、公路、铁路、银行、商场、广场等

续表

序号	一级分类	二级分类	主要内容
2	农用地	耕地	水田、旱地
3		有林地	树木郁闭度大于或等于20%的天然、人工林地
4		灌木林地	覆盖度大于或等于40%的灌木林地
5		草地	天然、人工草地
6		水域	坑塘水面
7	未利用地	裸地	裸土地

2.2.2 样本社区遥感图像解译

影像解译即图像解译，又有判读或判译之称，指解译工作人员基于对解译标志的识别，判定影像承载的空间信息，从而获取所需地理图像的过程。

1. 解译方法

遥感图像解译的方法有两种，一种是目视解译，另一种是遥感图像计算机解译。

（1）目视解译。目视解译是指专业的工作人员通过直观观察来获取所需目标地物承载的信息或是利用辅助判读仪器获取地物信息的过程。

（2）遥感图像计算机解译。遥感图像计算机解译是通过模式识别技术和人工智能技术的有机结合，基于目标地物的不同影像特征（如颜色、形状大小、空间位置等），根据判读经验以及成像规律等开展分析、推理，科学合理地理解遥感图像，实现遥感图像的判读。

由于样本社区的范围基数较小，精度要求不宜过低，特此在遥感图像的判读过程中选择了目视解译，以求降低解译结果的偏差，尽可能地保证解译结果的可信度。

2. 解译标志

解译标志即图像解译过程中的判读标志，反映和体现目标地物信息的遥感空间特性，主要包括形状、大小、色泽、纹路、格局等特性。基于上述样本社区景观分类架构以及样本社区相关资料的调查,建立样本社区判读标志,如表 2.2 所示。

3. 解译结果

基于 Google Earth 和 ArcGIS10.2 平台 1 : 5000 比例尺,以现状地物解译长度不低于 1 cm、面状地物解译图斑不小于 4 mm² 为最小控制图斑,解译分类样本社区各个时期的遥感图像,基于 ArcCatalog 设定相应的拓扑规则,针对判读结果进行数据转换、拓扑查错、裁剪、拼接等一系列处理工作,得到样本社区 2006 年、2012 年、2018 年的土地利用类型数据,并利用 ArcGIS 10.2 的图像处理功能将所获数据进行符号化处理,最终得到两个样本社区三个研究时期的土地利用类型图(见图 2.4~图 2.9)。

表 2.2　土地利用类型解译标志

二级分类	主要内容	解译标志
商务用地、公用设施用地、公共建筑用地、住宅用地、交通运输用地等:城市居民住宅、医疗、卫生、公路、铁路、银行、商场、广场等		
耕地:水田、旱地		
草地:天然、人工草地		

续表

二级分类	主要内容	解译标志
灌木林地： 覆盖度大于或等于 40% 的灌木林地		
裸地： 裸土地		
水域： 坑塘水面		
有林地： 树木郁闭度大于或等于 20% 的天然、人工林地		

图 2.4　北京天通苑社区 2006 年土地利用类型

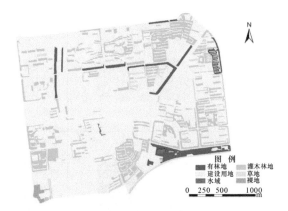

图 2.5　北京天通苑社区 2012 年土地利用类型

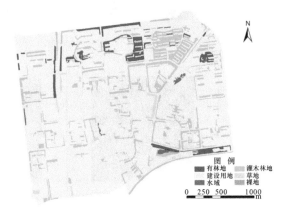

图 2.6　北京天通苑社区 2018 年土地利用类型

图 2.9　贵阳花果园社区 2018 年土地利用类型

图 2.8　贵阳花果园社区 2012 年土地利用类型

图 2.7　贵阳花果园社区 2006 年土地利用类型

2.3 样本社区土地利用类型时空演变

本节基于对两个样本社区 2006 年、2012 年、2018 年三个不同时期遥感图像数据的收集与汇总处理,利用 ArcGIS 10.2 的图像处理功能,以 2006 年的各项相关数据为研究基数,从两个样本社区三个不同时期的土地利用类型变化、数量变化、面积变化以及土地类型的动态度变化等角度进行分析研究,将两个样本社区在相关角度上的变化及其影响进行合理有效的对比研究,基于对比研究得出的结果展开讨论研究,总结研究其利弊以及价值影响所在。

将所选两个样本社区三个不同建设时期的遥感图像数据导入 ArcGIS 10.2 平台,通过 GIS 平台上的转换工具将已分类的土地利用类型数据由矢量格式转换为栅格格式,将各类土地利用类型的面积、比例进行统计汇总,得到两个样本社区 2006 年、2012 年、2018 年土地利用类型的数量结构数据,并利用 Excel 软件制作相应的数据图表,从各土地利用类型数量结构和各土地利用类型变化速率两个方面分析两个样本社区的土地利用类型的时空演变特征。

2.3.1 贵阳花果园社区土地利用类型演变

基于 ArcGIS 10.2 平台对贵阳花果园社区基础遥感数据的计算处理,利用 Excel 等图表制作软件汇总得到花果园社区 2006 年、2012 年、2018 年土地利用类型的数量结构组成情况,如表 2.3 所示。

由表 2.3 和图 2.10、图 2.11 可知,贵阳花果园社区土地利用类型以农用地和建设用地为主,农用地向城市建设用地转换的特征明显。2006~2018 年,花果园三大类土地利用类型(景观)的变化特征主要体现在以下几个方面。

表 2.3　贵阳花果园社区三个不同时期土地利用类型数量结构

土地利用类型		2006 年		2012 年		2018 年	
		面积/hm²	比例(%)	面积/hm²	比例(%)	面积/hm²	比例(%)
建设用地	住宅、商业等	136.44	23.5	266.43	46.0	352.47	60.7
农用地	草　地	38.51	6.6	14.91	2.6	12.38	2.1
	灌木林地	60.12	10.4	48.48	8.4	62.59	10.8
	有林地	287.04	49.5	216.58	37.4	143.13	24.7
	耕　地	46.15	8.0	18.44	3.2	0	0
	水　域	1.81	0.3	5.05	0.9	3.50	0.6
未利用地	裸　地	9.76	1.7	9.90	1.7	6.25	1.1
合　　计		579.83	100	579.79	100	580.32	100

注：表中比例的各分项数据之和约为 100%，是由于数值修约误差所致。

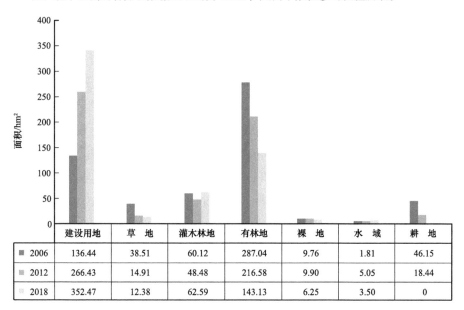

	建设用地	草　地	灌木林地	有林地	裸　地	水　域	耕　地
2006	136.44	38.51	60.12	287.04	9.76	1.81	46.15
2012	266.43	14.91	48.48	216.58	9.90	5.05	18.44
2018	352.47	12.38	62.59	143.13	6.25	3.50	0

图 2.10　2006~2018 年贵阳花果园社区各土地利用类型面积变化对比

（1）建设用地（景观）类型快速增长。2006~2018 年花果园社区的建设用地面积呈现急剧增长的趋势，从 2006 年的 136.44 hm² 增长到 2018 年的 352.47 hm²，净增加 216.03 hm²，增幅约 158%，该用地景观占花果园社区景观总面积的比例由 2006 年的 23.5% 上升至 2018 年的 60.7%。其中

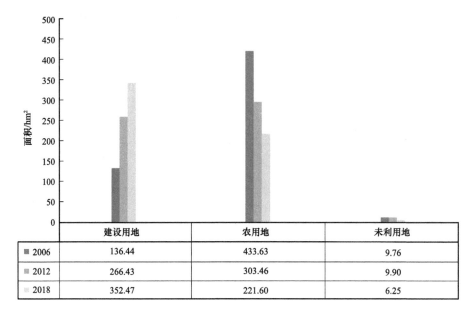

	建设用地	农用地	未利用地
■ 2006	136.44	433.63	9.76
■ 2012	266.43	303.46	9.90
■ 2018	352.47	221.60	6.25

图 2.11　2006~2018 年花果园社区三大类土地利用类型变化

2006~2012 年建设用地增幅最大（增加 129.99 hm²），增幅约 95%；2012~
2018 年建设用地增幅相对缓和。由此可知，2006~2012 年是花果园社区建设
发展的高峰期，2012~2018 年其建设速度相对缓和，社区基础设施的建设用
地形成大致的规模范围，逐步走向区域内在建用地的消化阶段。

（2）农用地（景观）类型明显递减。2006~2018 年花果园区域范围内
的农用地（景观）呈现递减趋势，从 2006 年的 433.63 hm² 减少至 2018
年的 221.60 hm²，净减少 212.03 hm²，总体约减少 50%，从年阶段的角度
来看，其农用地的减幅在 27%~30%。就时下大兴生态建设的时代背景而
言，其建设用地的大幅扩增，明显地削弱了花果园区域范围内生态环境的
基础优势。

（3）未利用地（景观）类型缓慢减少。纵观花果园社区 2006~2018 年的
三大类土地利用（景观）类型的变化趋势，其未利用地的增减趋势缓慢，基本
平稳。初步判断区域内该用地类型的可开发度低或是地理区位较为偏僻。

从土地利用类型二级分类的角度看，花果园区域范围内的 7 类土地类型
呈现出了增减程度不一的变化，总体可概括为"三减一增三波动"的特征。

其中，"三减"是指草地、有林地、耕地的减少；"一增"是指建设用地急剧增加；"三波动"是指在不同的背景下灌木林地、水域、裸地三种土地类型出现起伏变化。各种用地类型面积的具体变化情况如下。

（1）草地。研究时段内，花果园社区的草地面积呈现逐步递减的趋势，占地面积由 2006 年的 38.51 hm² 下降至 2012 年的 14.91 hm²，再下降至 2018 年的 12.38 hm²。草地面积占花果园景观总面积的比例由 2006 年的 6.6% 下降至 2018 年的 2.1%。研究时段内，其所占比重的降幅呈现骤降的趋势，降幅大致由 2012 年的 61% 下降至 2018 年的 17%。

（2）有林地。贵州作为全国唯一没有平原的省份，山地、丘陵地貌面积占全省面积的 92.5%，在全省城市大力发展建设城镇化的进程中，必然要开垦海拔较低、地势较为平坦、可开发强度大的山林区域，而作为省会城市市中心住宅与商务办公区的花果园社区自然也不例外。自 2006 年以来，花果园区域范围内有林地的占地面积出现大幅递减的趋势，由 2006 年的 287.04 hm² 减少到 2012 年的 216.58 hm²，再减少到 2018 年的 143.13 hm²，总体上净减少 143.91 hm²。其所占花果园景观总面积的比例由 2006 年的 49.5% 下降到 2018 年的 24.7%。研究时段内，其面积的降幅也出现递增现象，降幅大致由 2012 年的 25% 上升到 2018 年内的 34%。就贵阳市的发展规划来看，城市向前发展的必然趋势大力推动了城市城镇化的建设进程，自然也触发了花果园社区作为贵阳市中心住宅和办公区的发展潜力，但是其强大的发展力度在一定程度上也削弱了区域环境的生态机能和城市景观的基底优势。

（3）灌木林地。灌木林地作为山林地貌的重要组成部分，其面积在建设用地发展的时间段内出现了一定比例的下降，由 2006 年的 60.12 hm² 下降至 2012 年的 48.48 hm²，面积比例由 10.4% 下降到 8.4%。但在花果园建设用地规模基本形成并进入在建项目的消化阶段时，灌木林地的面积比例出现了一定的回升，面积比例相对 2012 年上升了约 29%，形成了"先减后增"的变化特征。从总体情况看，研究区范围内的灌木林地的面积比例由 2006 年的 10.4% 在经历 2012 年 2% 的下降后又回升到 2018 年的 10.8%，上升了 0.4%。

（4）建设用地。随着贵阳市城市建设风潮的兴起，花果园基于其优越的地理区位优势，迎来了区域内社会、经济、政治以及文化的大力发展，其蓬勃的发展趋势带来了省内各地区人口的涌入，引发了花果园区域内建设用地面积的急剧扩张。截至 2018 年，花果园区域内以居住、商业、办公、教育以及文化为主要构成元素的建设用地从 2006 年的 136.44 hm² 剧增到 2012 年的 266.43 hm²，再增加至 2018 年的 352.47 hm²。研究时段内，建设用地面积增幅最大高达 95%，最低增幅也不低于 32%。2006~2018 年，花果园区域内建设用地占区域总面积的比例由原来的 23.5% 增加至 60.7%。

（5）耕地。相对于其他土地利用类型的变化情况，花果园区域范围内由于建设用地扩增而导致耕地征占使用，形成了区域内耕地比例逐步降低直至为零的现况。区域内的耕地由 2006 年的 46.15 hm² 减少至 2012 年的 18.44 hm²，至 2018 年，区域内成规模的农田已荡然无存。总体来看，2006~2018 年花果园区域范围内的耕地净减少 46.15 hm²，该类用地占花果园总体面积的比例整整下降 8%。研究时段内，其耕地面积的递减幅度呈现逐步增加的趋势，从 2016 年的 60% 上升至 2018 年的 100%。

（6）裸地。总体上，裸地占花果园区域范围内各土地利用类型总面积的比例最小，其占研究区范围内总面积的比例最高为 1.7%。研究时段内，该用地类型面积的变化表现为先增后减，但总体上其面积变化的起伏波动最小。基于初步的判读，其地理区位属较为偏僻的类型，同时其可开发度低。通过实地考察，区域内的裸地主要归于三种类型：①建设用地的残留地块；②地处山顶地段的地块；③地处道路两旁的遗留地块，将道路用地与其他类型的用地形成了一定的隔离。总体来看，花果园区域范围内的裸地基本属于可开发度低、地势偏僻的地块，同时还有地块破碎、面积狭小等特点。

（7）水域。水域在花果园总面积中所占的比例与裸地所占比例相近，但作为区域土地类型与区域景观类型的基础组成要素，其必要性不言而喻。2006~2018 年花果园区域范围内的水域属"先增后减"型，研究时段内最大面积为 2012 年的 5.05 hm²，最小面积为 2006 年的 1.81 hm²，但其增减幅度相对平缓，面积变化保持在 2~4 hm²，增减幅度为 50% 左右。其区域范围内的水域景观由人工水景（花果园湿地公园人工湖）和自然水景（阿哈湖湿地公园天然河流的南明区段）组成。

2.3.2 北京天通苑社区土地利用类型演变

基于 ArcGIS 10.2 平台对北京天通苑社区基础遥感数据的计算处理，利用 Excel 等图表制作软件汇总得到北京天通苑社区 2006 年、2012 年、2018 年土地利用类型的数量结构组成情况，如表 2.4 所示。

由表 2.4 和图 2.12、图 2.13 可知，北京天通苑社区土地利用类型以建设用地为主、农用地为辅，其余是未利用地，可见其城市景观较为凸显。

表 2.4　北京天通苑社区三个不同时期土地利用类型数量结构

土地利用类型		2006 年		2012 年		2018 年	
		面积/hm²	比例（%）	面积/hm²	比例（%）	面积/hm²	比例（%）
建设用地	住宅、商业等	520.75	77.0	527.67	78.0	561.66	82.7
农用地	草　地	84.15	12.4	9.01	1.3	5.86	0.9
	灌木林地	32.64	4.8	110.70	16.4	83.28	12.3
	有林地	8.02	1.2	24.63	3.6	22.77	3.4
	水　域	2.76	0.4	1.21	0.2	2.39	0.4
未利用地	裸　地	27.86	4.1	3.07	0.5	3.19	0.5
合　　计		676.18	100	676.29	100	679.15	100

注：表中比例的各分项数据之和约为 100%，是由于数值修约误差所致。

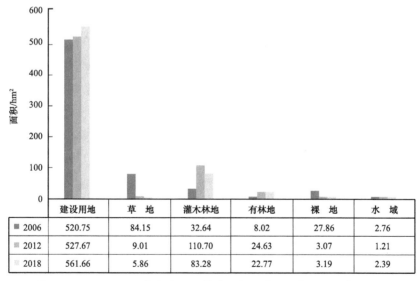

图 2.12　2006~2018 年北京天通苑社区各土地利用类型面积变化对比

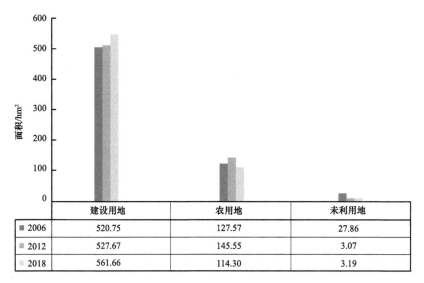

	建设用地	农用地	未利用地
■ 2006	520.75	127.57	27.86
■ 2012	527.67	145.55	3.07
■ 2018	561.66	114.30	3.19

图 2.13 2006~2018 年北京天通苑社区三大类土地利用类型变化

2006~2018 年，北京天通苑社区范围内土地利用类型的变化特征主要表现为以下几个方面。

（1）建设用地基数大体保持持续上升的趋势。2006~2018 年，天通苑社区范围内建设用地的占地面积呈逐步递增的变化趋势，由 2006 年的 520.75 hm² 增加到 2018 年的 561.66 hm²，净增加 40.91 hm²，增长幅度约为 8%，该类用地面积占天通苑社区总面积的比例由 77.0% 提高至 82.7%。研究时段内，各年限时段的增长幅度均保持在 10% 以内，增长幅度相对缓和。由此可知，研究时段内，天通苑社区建设用地发展建设大致规模已定，其发展趋势趋于饱和状态。

（2）农用地变化趋势起伏波动，但增减幅度相对平稳。2006~2018 年，天通苑社区范围内的农用地出现先增后减的变化趋势，由 2006 年的 127.57 hm² 增加到 2012 年的 145.55 hm²，至 2018 年又减少到 114.30 hm²。随着区域内建设用地发展的趋于饱和，其区域范围的生态环境基础发展出现下滑趋势，从而影响了其区域范围内生态机能的波动发展。

（3）未利用地骤减缓升。纵观研究时段内天通苑社区范围内的三大类土地利用（景观）类型的变化趋势，未利用地的变化呈先减后增的变化趋势。

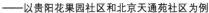
该类土地利用在变化的过程中，由 2006 年的 27.86 hm² 下降到 2012 年的 3.07 hm²，净减少 24.79 hm²，至 2018 年又回升到 3.19 hm²，但回升幅度较小，回升面积仅有 0.12 hm²。

从土地利用类型二级分类的角度来看，天通苑社区范围内的 6 类土地类型呈现了增减程度不一的变化，总体可概括为"一增一减四波动"。其中，"一增"是指建设用地的增加；"一减"是指草地的减少；"四波动"是指灌木林地、有林地、裸地和水域呈现增减起伏的变化趋势。其区域范围内的各用地类型面积的具体变化情况如下。

（1）草地。研究时段内，天通苑社区范围内草地的面积变化呈现递减的状况，其占地面积由 2006 年的 84.15 hm² 下降到 2018 年的 5.86 hm²，净减少 78.29 hm²，其占天通苑社区总面积的比例由 12.4% 下降到 0.9%，其中 2006~2012 年的下降幅度最大，由 84.15 hm² 下降到 9.01 hm²，下降幅度约 89%。

（2）有林地。2006~2018 年，天通苑社区范围内的有林地呈现先增后减的变化趋势，由 2006 年的 8.02 hm² 增加至 2012 年的 24.63 hm²，而后下降至 2018 年的 22.77 hm²。从总体的变化趋势来看，天通苑社区范围内的有林地景观形成了有效的增长，总体净增长 14.75 hm²，其占区域景观总面积的比例由 1.2% 上升至 3.4%。

（3）灌木林地。2006~2018 年，天通苑社区范围内的灌木林地出现了先增后减的波动变化。在研究时段内，天通苑社区的灌木林地由 2006 年的 32.64 hm² 增长至 2012 年的 110.7 hm²，至 2018 年又下降到 83.28 hm²。总体来看，区域内的灌木林地在经历不同年限的波动变化以后，形成了 50.64 hm² 的净增长。该类土地占区域土地总面积的比例由 2006 年的 4.8% 上升至 2018 年的 12.3%。灌木林地是天通苑社区范围内占比第二的土地类型，因此，在其区域范围内建设用地规模发展几近饱和的前提背景下，灌木林地对于区域内的生态环境机能的影响较为明显。

（4）建设用地。2006~2018 年，天通苑区域范围内的建设用地呈现逐步递增的变化特征。研究时段内，天通苑社区范围内的建设用地的占比是该社区面积占比最大的土地类型，其占地面积由 2006 年的 520.75 hm² 增长至

2012 年的 527.67 hm²，再增长至 2018 年的 561.66 hm²。由研究时段内建设用地的占地面积数据可知，2006 年该社区范围内的建设用地发展规模基本形成，且区域内的建设用地发展趋势已进入几近饱和的状态，其不同研究年限时段内的面积增长幅度均不高于 10%，平缓的增长趋势从侧面展现了其面积的增长多源自在建用地的规整以及备建用地的启用。

（5）裸地。在研究时段内，天通苑社区范围内裸地的变化趋势主要体现为急剧减少，在研究时段后期存在微量回升，但总体变化趋势为减少，2006~2018 年共减少 24.67 hm²，所占天通苑总面积的比例由 4.1% 下降至 0.5%，其中 2006~2012 年天通苑社区内的裸地减少量最大，由 27.86 hm² 下降至 2012 年的 3.07 hm²，净减少 24.79 hm²；而 2012~2018 年则出现了微量回升，回升面积仅有 0.12 hm²。综合对比观察天通苑三个不同时期的遥感图像可知，该社区区域内的裸地景观斑块形状规整、地理优势明显、可开发利用率高。

（6）水域。天通苑社区范围内的水域面积占比最小，且在研究时段内其面积变化呈现先减后增、总体减少的趋势。其占地面积由 2006 年的 2.76 hm² 下降至 2012 年的 1.21 hm²，后又出现了回升，增长至 2018 年的 2.39 hm²。综合对比观察该社区三个不同时期的遥感图像可知，其水域景观皆为人工水域，主要分布在人工湖广场、天通艺园等地块。

2.4 样本社区各土地利用类型变化速率分析

基于土地动态度（概念）的角度对样本社区内的景观动态变化做出简要分析[6]，定量描述样本社区土地利用类型的变化速度。选择单一土地利用动态度进行分析，即研究区域范围的某一种土地（景观类型）在界定时间年限内的数量变化，其公式如下[7,8]：

$$k = \frac{U_b - U_a}{U_a} \times \frac{1}{T} \times 100\%$$

式中：k 为研究时段内某一土地利用类型动态度；U_a 为研究初期某土地利

用类型的数量；U_b 为研究末期某土地利用类型的数量；T 为研究时段的年限。

引用刘纪远等[9]建立的中国土地利用动态变化特征的绝对值分类标准评定两样本社区土地利用类型的变化类型，具体指标数据如表 2.5 所示。

表 2.5　中国土地利用动态变化特征分类标准

变化幅度	变化类型
25%～61%	急剧变化型
15%～24.9%	快速变化型
5%～14.9%	慢速变化型
0～4.9%	极缓慢变化型

2.4.1　花果园社区单一土地利用类型动态变化

以表 2.3 数据为基础，计算得到花果园社区 2006～2018 年单一土地利用类型动态度（见表 2.6 和图 2.14）。

表 2.6　花果园社区 2006～2018 年单一土地利用动态度

景观类型	2006～2012 年	2012～2018 年
建设用地	15.9%	5.4%
草　地	−10.2%	−2.8%
灌木林地	−3.2%	4.9%
有林地	−4.1%	−5.7%
耕　地	−10.0%	−16.7%
水　域	29.8%	−5.1%
裸　地	0.2%	−6.1%

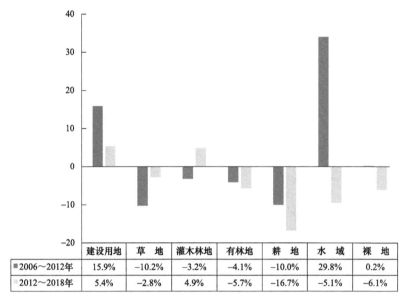

	建设用地	草 地	灌木林地	有林地	耕 地	水 域	裸 地
■2006~2012年	15.9%	−10.2%	−3.2%	−4.1%	−10.0%	29.8%	0.2%
2012~2018年	5.4%	−2.8%	4.9%	−5.7%	−16.7%	−5.1%	−6.1%

图 2.14　花果园社区不同时期单一土地利用动态度对比

（1）2006~2012 年，花果园区域单一土地利用动态变化以水域和建设用地较为突出。其中水域最为突出，其在 2006~2012 年的动态度增加高达29.8%，水域增加主要体现在人造花果园湿地公园，属于急剧变化型；建设用地因花果园巨型社区更新的需要增幅较大，属于快速变化型；裸地也有极缓慢增加，是由建设场地平整施工造成的。总观 2006~2012 年花果园各土地利用类型动态度绝对值，得出以下变化排序：水域>建设用地>草地>耕地>有林地>灌木林地>裸地。

（2）2012~2018 年，花果园区域范围内各土地利用类型的变化速度总体减缓，建设用地、农用地（除耕地外）和未利用地三大类土地利用（景观）类型变化属于慢速变化型或极缓慢变化型。

2012~2018 年，花果园各土地利用类型动态度绝对值排序为耕地>裸地>有林地>建设用地>水域>灌木林地>草地。截至 2018 年，该区域内的耕地几近枯竭，属于快速变化型；部分水域用于草地、灌木林地等其他公共休闲用地，有所减少；裸地因建设需要也逐步减少；建设用地在此阶段仍处于增加阶段，灌木林地因花果园巨型社区景观园林等需求，有所增加。

2.4.2　天通苑社区单一土地利用类型动态变化

以表 2.4 数据为基础，计算得到天通苑社区 2006~2018 年单一土地利用
类型动态度（见表 2.7、图 2.15）。

表 2.7　天通苑社区 2006~2018 年单一土地利用动态度

景观类型	2006~2012 年	2012~2018 年
建设用地	0.2%	1.1%
草　　地	−14.9%	−5.8%
灌木林地	39.9%	−4.1%
有林地	34.5%	−1.3%
水　　域	−9.4%	16.3%
裸　　地	−14.8%	0.7%

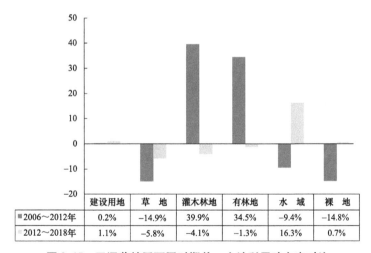

图 2.15　天通苑社区不同时期单一土地利用动态度对比

（1）2006~2012 年，天通苑社区土地利用分类动态度绝对值变化大小排
序为灌木林地>有林地>草地>裸地>水域>建设用地。其中，灌木林地和有林
地动态度变化数值皆为急剧变化型，主要由于基数小且天通苑社区园林景观

的建设；其次，草地、裸地以及水域的动态度变化数值皆属于慢速变化型；建设用地景观动态度变化最小。综上所述，2006~2012年天通苑社区范围内的土地利用建设中心集中在生态环境景观的建设方面，居住、工作、交通等相关工程建设均呈现区域饱和状态。

（2）2012~2018年，天通苑社区的水域动态度变化最为凸显，其动态度变化数值为16.3%，属于快速变化型，主要为社区水景亲水建设；草地的动态度变化属于慢速变化型；建设用地、灌木林地、有林地和裸地的动态度变化均属于极缓慢变化型。

2.4.3 对比分析及结果

基于对贵阳花果园社区和北京天通苑社区范围内各土地利用（景观）类型时空演变数据的处理分析，结合两个样本社区的区域环境展开讨论研究，对比分析得出以下几点结论，如表2.8所示。

表2.8 2006~2018年样本社区不同等级土地类型变化差异对比

土地类型	相　　同	不　　同
一级土地	<ul><li>建设用地面积逐年递增。</li><li>未利用地面积减少。</li><li>农用地减少</li></ul>	<ul><li>花果园社区的农用地逐年递减，天通苑社区的农用地呈波动变化（先增后减）。</li><li>花果园社区的未利用地先增后减，天通苑社区的未利用地先减后增</li></ul>
二级土地	<ul><li>草地逐年减少。</li><li>灌木林地增加。</li><li>裸地减少</li></ul>	<ul><li>花果园社区的有林地逐年减少，天通苑社区的有林地增加（先减后增）。</li><li>花果园社区的水域增加，天通苑社区的水域减少。</li><li>花果园社区的耕地逐年减少，天通苑社区在研究时段内无耕地景观</li></ul>

基于表2.8，结合样本社区区域环境总结分析，得出以下几点关于样本社区研究时段内的土地利用（景观）类型数量结构演变特征的分析。

（1）天通苑社区建设用地景观的密集程度高于花果园社区。首先，由两个样本社区三个不同时期土地利用类型数量结构数据表可知，天通苑社区建设用地的基数（2006 年为 520.75 hm²）远大于花果园社区建设用地的基数（2006 年为 136.44 hm²），两个社区的建设用地均保持着逐渐增长的趋势。截至研究时段末期（2018 年），花果园社区建设用地占区域总面积的比例为 60.7%，天通苑社区范围内建设用地占比为 82.7%，两个社区范围内建设用地景观密集程度存在较大悬殊。

（2）花果园社区的绿色空间开发或保留程度高于天通苑社区。以样本社区范围内灌木林地、有林地及草地的面积之和作为两个社区绿色空间开发或保留程度的对照依据。2006~2018 年，样本社区范围内不同种类的绿色空间经历了"先增后减""先减后增""逐年递减"的时空演变，社区范围内相应景观类型发生了不同程度的面积变化，但在变化的过程中，花果园社区三个不同时期的绿色空间景观面积占比始终高于天通苑社区。样本社区各时期绿色空间占比情况如表 2.9 所示。

表 2.9　样本社区不同时期绿色空间占比对照

社　区	2006 年	2012 年	2018 年
北京天通苑	18.4%	21.3%	16.6%
贵阳花果园	66.5%	48.4%	37.6%

（3）天通苑社区未利用地的利用率（可开发度）高于花果园社区。综合对照样本社区未利用地在研究时段内的宏观变化，花果园社区与天通苑社区的裸地均呈现减少的变化趋势。天通苑社区范围内的裸地呈现出"先减后增"的演变特征，由 27.86 hm² 下降到 3.19 hm²，整体下降幅度约为 89%；花果园社区范围内的裸地景观则由 9.76 hm² 下降到 6.25 hm²，整体下降幅度约为 36%。

2.5　样本社区土地利用类型斑块数量变化

本节基于贵阳花果园社区和北京天通苑社区三个不同时期的遥感图像处理得到的土地利用类型（矢量）图，选取研究时段内社区各土地利用类型斑

块数量的变化和不同交通梯度缓冲分析中各土地利用类型、斑块数量的变化
为分析基底，对比分析两个样本社区的优劣差异。

2.5.1 花果园社区土地利用类型斑块数量变化

由表 2.10 和图 2.16 可知，花果园社区范围内的土地利用（景观）类型
（矢量）斑块数量以整体下降、波动起伏（先增后减）为主要变化特征。建
设用地、灌木林地、耕地呈现先增后减的变化趋势，其余土地利用（景观）
类型呈现逐年下降的变化趋势。其中，建设用地与灌木林地起伏变化的趋势
尤为突出。建设用地的斑块数量由 2006 年的 142 个增加至 2012 年的 197 个，
由此又下降至 2018 年的 86 个。灌木林地的斑块数量由 2006 年的 85 个上升
至 2012 年的 115 个，再下降至 2018 年的 60 个。结合花果园社区 2012 年研
究时段期间大力发展建设的情况以及时段内两类用地面积的增加进行分析，
2006~2012 年花果园社区允许范围内的各类绿色空间用地（包括草地、灌木
林地、有林地）面积呈集中式下降，从而触发了区域内建设用地快速增长的
变化趋势；其余用地类型在区域条件允许的前提下，面积有所萎缩，斑块数
量先增后减，体现了建设用地以外的用地类型斑块面积下降、区域景观斑块
密度上升、景观用地斑块延绵性下降、分散度提升的特点。

表 2.10　花果园社区不同时期土地利用类型斑块数量结构　　　　单位：个

土地利用类型		斑块数量		
		2006 年	2012 年	2018 年
建设用地	住宅、商业等	142	197	86
农用地	草　地	58	37	28
	灌木林地	85	115	60
	有林地	70	58	21
	耕　地	19	24	0
	水　域	10	6	3
未利用地	裸　地	34	24	11
合　计		418	461	209

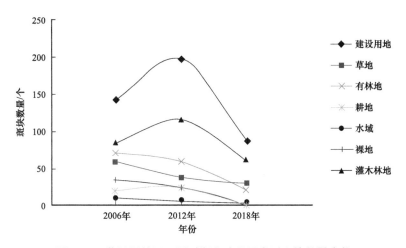

图2.16 花果园社区不同时期土地利用类型斑块数量变化

2.5.2 天通苑社区土地利用类型斑块数量变化

由表2.11和图2.17可知，天通苑社区范围内的土地利用（景观）类型（矢量）的斑块数量变化呈现为整体上升、增减并重的变化特征。天通苑社区范围内的建设用地与灌木林地呈逐渐增加的变化趋势，草地、裸地呈逐渐减少的变化趋势，有林地、水域呈先减后增变化。建设用地斑块数量由2006年的618个上升至2012年的849个，再增加到2018年的947个，总体净增长329个。灌木林地斑块数量由2006年的64个增长至2012年的249个，再增长至2018年的262个，总体净增长198个，增长幅度由急剧向缓和变化。结合用地（景观）面积的年限变化，草地与裸地在面积逐步减少的同时，斑块数量也逐渐减少，体现了区域内草地与裸地开发度高、利用强度大的特点。基于天通苑社区发展建设基底厚实的实际情况，建设用地的增幅主要体现在在建或备建地块的消化，绿色空间用地面积相对减缓，但斑块数量呈现增长变化，由此可知其在建设用地区域饱和的前提条件下，绿色空间用地斑块出现了明显的数量调整，其斑块的覆盖范围较为分散，集聚程度相对缓和。

表 2.11　天通苑不同时期景观类型斑块数量结构　　单位：个

土地利用类型		斑块数量		
		2006 年	2012 年	2018 年
建设用地	住宅、商业等	618	849	947
农用地	草　地	170	21	17
	灌木林地	64	249	262
	有林地	17	13	30
	水　域	6	2	3
未利用地	裸　地	21	3	1
合　计		893	1137	1260

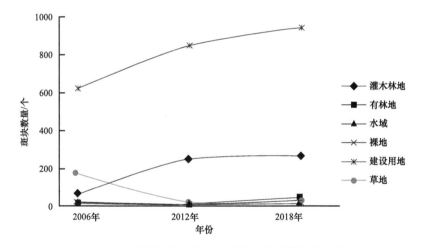

图 2.17　天通苑社区不同时期土地利用类型斑块数量变化

2.5.3　对比分析及结果

基于花果园社区和天通苑社区区域范围内不同时期各土地利用（景观）类型（矢量）斑块数量结构的变化情况进行对比分析，总结出以下几点关于两个社区不同时期各土地利用（景观）类型的时空变化的优劣差异：

（1）天通苑社区建设用地（景观）斑块数量基底大于花果园社区且二者建设用地数量结构呈反向变化。基于样本社区研究时段内各景观用地斑块

数量结构变化的角度,天通苑社区建设用地斑块数量在 2006~2018 年由 618 个上升至 947 个;花果园社区则是反向变化,由 2006 年的 142 个下降至 2018 年的 86 个。基于斑块数量变化特征分析可知,天通苑社区范围内的建设用地斑块单量面积规模较为均匀,斑块之间的间隔较为清晰。反观花果园社区,随着建设用地面积的增加,其斑块数量逐渐减少。由此可知,花果园社区范围内的建设用地斑块单量之间聚集程度较高,综合性较强。

(2)天通苑社区绿色空间景观发展的协调性优于花果园社区。结合样本社区绿色空间用地的斑块数量结构变化可知,天通苑社区的绿色空间斑块数量由 2006 年的 251 个上升至 2018 年的 309 个;花果园社区则呈反向变化,由 2006 年内的 213 个下降至 2018 年的 109 个。结合两者研究时段内绿色空间的面积变化,天通苑社区由 2006 年的 124.81 hm² 下降至 2018 年的 111.91 hm²,花果园社区由 2006 年的 385.67 hm² 下降至 2018 年的 218.10 hm²。综上所述,天通苑社区绿色空间斑块单量之间的协调发展优于花果园社区,其斑块单量的分布较为分散,斑块单量的规模相对较为微小;花果园社区的斑块单量之间的分布相对集中,其斑块单量的规模也相对较大。

(3)天通苑社区未利用地(裸地)发展趋势优于花果园社区。结合样本社区研究时段内裸地斑块数量结构的变化,天通苑社区裸地斑块数量由 21 个减少至 1 个,花果园社区由 34 个减少至 11 个。基于样本社区研究时段内裸地面积的变化,天通苑社区总体净减少 24.67 hm²,花果园社区总体净减少 3.51 hm²。综上所述,天通苑社区未利用地(裸地)的开发强度、可利用率皆优于花果园社区。

2.6 巨型开放性社区生态效应对比研究

随着时代的发展进步,社区不再只是人们的居住空间,工作、人际社交、行政、商贸、医疗、娱乐等功能已逐步成为社区的必备功能。在大力发展生态文明建设的时代背景下,加快城市化的建设、推进城市的生态文明建设、提高身心健康水平已成为努力追求的目标。

生态效应是指因人类活动导致生态系统发生变化而形成的相应影响。其性质有正负之分。负效应给人们的居住、工作等带来消极影响，给环境造成一定的危害，因而更受学者专家的关注[10]。《中国大百科全书》"生态效益"条目中指出，人们生产生活的行为过程，形成了对应的环境污染，甚至是生态破坏，衍生了消极意义的生态结构和功能。[11]快速城市化的进程，遗留了环境和谐受损、生态结构混乱等问题，城市景观格局演变及其生态效应正在成为社会和学术界关注的焦点；城市社区作为城市景观格局的重要组成单元，其景观格局的演变以及生态效应研究也逐步被提上日程。城市景观格局对生态过程和特征会形成显著的影响，从而产生对应的生态效应，这是景观生态学中的一个基本概念。[12]城市景观的生态效应主要在于城市生态或地理要素空间分布对城市景观的特质及发展过程形成的生态影响，从结构与形态的角度可分为城市景观构成要素的生态效应、不同景观在地表镶嵌的生态效应。[13]

本节以我国两个典型巨型社区土地利用类型演变产生的生态效应作为对比研究的主题，旨在研究我国不同巨型社区在景观格局及其生态效应方面的优劣差异。本研究主要通过土地利用生态服务价值评估方法，计算样本社区生态服务价值数据，进行样本社区研究时段内生态效应的研究。基于谢高地等人结合 Costanza 的研究基础[14-16]，联系中国国情，概括了气体调节、水分调节、气候调节、土壤形成、生物多样性维持、食物生产、废物处理、原材料以及文化娱乐在内的九项生态系统服务功能，总结得出"中国不同陆地生态服务价值当量因子表"，基于该当量因子表，分别计算研究时段内样本社区各项生态服务功能价值并进行对比研究。

2.6.1 样本社区生态服务价值变化研究

利用 Costanza 等得出的估算公式[17-19]，估计样本社区生态服务价值的时空变化特征，其计算公式如下：

$$LXM = \sum_{a-1}^{m} QT_a \cdot N_a$$

式中：LXM 为样本社区生态服务总价值（元）；QT_a 为第 a 类土地利用类型单位面积的生态功能总服务价值系数（元/hm²）；N_a 为样本社区内第 a 类土

地利用类型的面积（hm^2）；m 为土地利用类型数目。

计算说明：本研究的耕地对应旱地，水域对应水域，裸地对应未利用地，有林地对应针阔混交，灌木林地对应灌木，草地对应草地，建设用地不作生态系统服务功能价值的估算。

2.6.2　样本社区生态服务价值计算结果

1. 花果园社区

本节基于总结得出的"中国不同陆地生态服务价值当量因子表"并参考贵阳市各类陆地生态系统单位面积的生态服务价值系数[20]，结合花果园社区具体情况，修正了单位面积农田每年自然粮食产量的经济价值：以贵阳市 2006～2018 年平均粮食产量 4127 kg/hm^2 为单产基数，以 2018 年当地市价 4.3 元/kg 计算，排除没有人力投入的自然生态系统提供的 6/7 的经济价值，得出贵阳市农田自然粮食产量的经济价值为 2535.16 元/hm^2，得到贵阳生态系统单位面积生态服务价值当量与花果园社区不同土地利用类型生态服务价值系数，如表 2.12 和表 2.13 所示。

表 2.12　贵阳生态系统单位面积生态服务价值当量

生态服务功能	有林地	灌木林地	草　地	耕　地	水　域	裸　地
空气调节	2.35	1.41	1.14	0.67	0.77	0.02
气候调节	7.03	4.23	3.02	0.36	2.29	0.00
水文调节	3.51	3.35	2.21	0.27	102.24	0.03
土壤保护	2.86	1.72	1.39	1.03	0.93	0.02
维持养分循环	0.22	0.13	0.11	0.12	0.07	0.00
生物多样性保护	2.60	1.57	1.27	0.13	2.55	0.02
食物生产	0.31	0.19	0.22	1.00	0.80	0.00
原料生产	0.71	0.43	0.33	0.40	0.23	0.00
娱乐文化	1.14	0.69	0.56	0.06	1.89	0.01

表 2.13 花果园社区不同土地利用类型生态服务价值系数

单位：元/（hm² · a）

生态服务功能	有林地	灌木林地	草 地	耕 地	水 域	裸 地
空气调节	5957.63	3574.58	2890.08	1698.56	1952.07	50.70
气候调节	17822.17	10723.73	7656.18	912.66	5805.52	0.00
水文调节	8898.41	8492.79	5602.70	684.49	259194.76	76.05
土壤保护	7250.56	4360.48	3523.87	2611.21	2357.70	50.70
维持养分循环	557.74	329.57	278.87	304.22	177.46	0.00
生物多样性保护	6591.42	3980.20	3219.65	329.57	6464.66	50.70
食物生产	785.90	481.68	557.74	2535.16	2028.13	0.00
原料生产	1799.96	1090.12	836.60	1014.06	583.09	0.00
娱乐文化	2890.08	1749.26	1419.69	152.11	4791.45	25.35
合 计	52553.87	34782.41	25985.38	10242.04	283354.84	253.5

2. 天通苑社区

采用花果园社区生态服务价值计算方法，以北京市 2006~2018 年平均粮食产量 5675 kg/hm² 为单产基数，以 2018 年当地市价 3.9 元/kg 计算，排除没有人力投入的自然生态系统提供的 6/7 的经济价值，得出北京市农田自然粮食产量的经济价值约为 3161.79 元/hm²，北京生态系统单位面积生态服务价值当量与天通苑社区不同土地利用类型生态服务价值系数，如表 2.14 与表 2.15 所示。

表 2.14 北京生态系统单位面积生态服务价值当量

生态服务功能	有林地	灌木林地	草 地	水 域	裸 地
空气调节	2.35	1.41	1.14	0.77	0.02
气候调节	5.07	4.23	3.03	2.29	0.00
水文调节	3.51	3.35	2.21	102.24	0.03

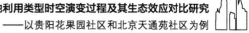

续表

生态服务功能	有林地	灌木林地	草 地	水 域	裸 地
土壤保护	2.86	1.72	1.39	0.93	0.02
维持养分循环	0.22	0.13	0.11	0.07	0.00
生物多样性保护	2.79	1.57	1.27	2.55	0.02
食物生产	0.31	0.19	0.33	0.80	0.00
原材料	0.71	0.43	0.22	0.23	0.00
娱乐文化	1.14	0.69	0.56	1.89	0.01

表 2.15 天通苑社区不同土地利用类型生态服务价值系数

单位：元/（hm^2·a）

生态服务功能	有林地	灌木林地	草 地	水 域	裸 地
空气调节	7430.21	4458.12	3604.44	2434.58	63.24
气候调节	16030.28	13374.37	9580.22	7240.50	0.00
水文调节	11097.88	10592.00	6987.56	323261.41	94.85
土壤保护	9042.72	5438.28	4394.89	2940.46	63.24
维持养分循环	695.59	411.03	347.80	221.33	0.00
生物多样性保护	8821.39	4964.01	4015.47	8062.57	63.24
食物生产	980.15	600.74	1043.39	2529.43	0.00
原材料	2244.87	1359.57	695.59	727.21	0.00
娱乐文化	3604.44	2181.64	1770.60	5975.78	31.62
合 计	59947.53	43379.76	32439.96	353393.27	316.19

2.6.3 样本社区生态服务价值对比

基于样本社区不同土地利用类型生态服务价值系数，计算得出 2006~2018 年研究时段内样本社区生态系统各项服务价值的时空变化数据（见表 2.16、表 2.17）。

表 2.16　2006~2018 年花果园社区生态系统各项服务价值

单位：10^5 万元

年　份	有林地	灌木林地	草　地	耕　地	水　域	裸　地	合　计
2006	150.85	20.91	10.01	4.73	5.13	0.02	191.65
2012	113.82	16.86	3.87	1.89	14.31	0.03	150.78
2018	75.22	21.77	3.22	0	9.92	0.02	110.15

表 2.17　2006~2018 年天通苑生态系统各项服务价值　　单位：10^5 万元

年　份	有林地	灌木林地	草　地	水　域	裸　地	合　计
2006	4.81	14.16	27.30	9.75	0.09	56.11
2012	14.77	48.02	2.92	4.28	0.01	70.00
2018	13.65	36.13	1.90	8.45	0.01	60.14

由花果园社区 2006~2018 年生态系统各项服务价值变化（见表 2.16）可知，花果园社区在研究时段内的生态服务价值总体呈下降趋势，由 2006 年的 191.65×10^5 万元下降到 2018 年的 110.15×10^5 万元。花果园社区建设用地的逐年增长，触发了周边大量人口不断涌入，从而导致区域内土地开发强度大幅提升、生态系统机能逐步削弱。从不同土地利用类型的生态服务价值来看，有林地由 2006 年的 150.85×10^5 万元下降到 2018 年的 75.22×10^5 万元，灌木林地由 2006 年的 20.91×10^5 万元略微上升至 2018 年的 21.77×10^5 万元，草地由 2006 年的 10.01×10^5 万元下降到 2018 年的 3.22×10^5 万元，耕地由 2006 年的 4.73×10^5 万元削减至 2018 年的 0 元，水域由 2006 年的 5.13×10^5 万元上升至 2018 年的 9.92×10^5 万元，裸地由 2006 年的 0.02×10^5 万元先上升至 2012 年的 0.03×10^5 万元又下降至 2018 年的 0.02×10^5 万元。

由天通苑社区 2006~2018 年生态系统各项服务价值变化（见表 2.17）可知，天通苑社区在研究时段内的生态服务价值总体呈上升趋势，但三个时段内其土地利用总体生态服务价值存在一定的波动变化。天通苑社区的地理区位优势和厚实的发展建设基底以及强大的发展建设力度引发了区域内建设用地的不断增加，给区域的生活、工作、交通等方面带来了亟须解决的社会问题，因而推动了研究时段内天通苑社区范围内各类用地生态服务价值的协

调发展。从各类用地生态服务价值来看，有林地由 2006 年的 $4.81×10^5$ 万元上升至 2018 年的 $13.65×10^5$ 万元；灌木林地由 2006 年的 $14.16×10^5$ 万元上升至 2018 年的 $36.13×10^5$ 万元；草地由 2006 年的 $27.30×10^5$ 万元下降至 2018 年的 $1.90×10^5$ 万元；水域由 2006 年的 $9.75×10^5$ 万元下降至 2018 年的 $8.45×10^5$ 万元；裸地由 2006 年的 $0.09×10^5$ 万元下降至 2018 年的 $0.01×10^5$ 万元。

总结分析样本社区各土地利用类型数量结构、土地利用类型动态度变化以及斑块数量结构变化，得出以下几点结论。

（1）天通苑社区生态系统服务价值的发展趋势优于花果园社区。基于天通苑社区各类用地生态服务价值的年限变化情况，结合该区域内生态景观用地（有林地、草地、灌木林地、水域）的面积、斑块数量结构变化可知，2006~2018 年研究时段内，天通苑社区生态系统服务价值呈增长趋势，净增长 $4.03×10^5$ 万元；相关生态用地景观的面积与斑块数量也呈现不同幅度的增长趋势。在研究时段内，花果园社区区域内各类用地的生态服务价值呈现逐级递减的发展趋势，净减少 $81.5×10^5$ 万元；同时，其相关生态景观用地的面积与斑块数量呈现一定程度的下降。

（2）花果园社区生态系统服务价值的可塑性强于天通苑社区。就花果园社区与天通苑社区所处地理区位和基础自然条件来说，贵阳市山林地貌凸显，林地资源基底丰厚，生态系统优势明显。研究时段内，花果园社区范围内的生态环境基底优胜于天通苑社区，排除社区占地面积大小的悬殊，花果园社区范围内绿色空间景观（有林地、灌木林地、草地等）的面积占比大于天通苑社区相应景观的面积占比，且花果园社区的绿色空间景观用地的延展性与连绵性优于天通苑社区，其可开发性、改造度皆强于天通苑社区。受地区发展建设的影响，天通苑社区范围内的生态环境建设的统筹协调发展受工作、生活、交通等问题的影响而呈现一定规模的改善调整；受生态文明建设与城镇化收尾发展的时代背景影响，花果园社区的生态环境统筹协调发展正处于热潮阶段。因此，花果园社区此后的生态环境协调发展的进程将会有更进一步的推动。

（3）样本社区生态系统服务价值主要表现在林地景观（有林地、灌木林地）。由样本社区生态系统服务价值数据表所示，花果园社区与天通苑社区的生态系统服务价值以林地景观占比最为凸显。花果园社区 2006～2018 年林地景观生态服务价值占社区总体生态服务价值的平均比例约为 88%；而天通苑社区的平均比例约为 83%，且相应社区林地景观的服务价值占比均呈现增长趋势。

2.7 结论与讨论

基于对研究时段内样本社区土地利用类型数量结构变化、斑块数量结构变化以及不同土地利用类型的生态服务价值的比较研究，结合样本社区现况，总结得出以下几点结论。

(1) 巨型社区职能的演替日趋多样化。从国内外社区发展的情况看，社区的职能在社会不断发展和时代不断进步的过程中发生了质的飞跃。社区由起初的居住、人际交往的职能演变为行政、文化、教育、商务等多元色彩，社区的建设不再停留于基础设施建设的物质需求层次，而是升华至文化、生态、服务等精神需求层次，社区在区域或城市所扮演的角色由基础的组成单元演化至城市经济脉络、景观格局布置的核心，又不断地向乡村扩散，职能演替的日趋多样化进一步将社区推向了时代建设的舞台中央。

(2) 建设用地的强力发展是巨型社区的基础特征。就花果园与天通苑社区建设项目的本质而言，花果园是全国最大的棚户区改造项目，而天通苑则是首都北京城乡接合部最大的经济适用房社区，二者皆表现为城镇化进程的推进和经济建设脉络的延伸。就样本社区而言，花果园社区内建设用地面积占比为 60.7%，天通苑社区建设用地面积占比为 82.7%。社区建设用地的大力建设，给区域带来了巨大的经济发展空间，吸引了全国各地人口的涌入，人口压力激增造成了区域内建设用地的急剧发展，从而造就了建设用地景观于社区范围内形成巨大占比的局面。

(3) 巨型社区的扩张式发展是决定区域生态效应有效发展的重要因素。巨型社区的扩张式发展对区域生态效应有效发展的重要影响，体现于建设用地面积占比的不断递增和区域内人口的暴涨。建设用地面积占比的递增引发了区域内各类景观用地的征占与高强度开发，区域内绿色空间景观的迅速萎缩造成了区域生态系统机能的削弱与生态景观建设的破碎化；人口的暴涨，引发了人口素质参差不齐、人群分类复杂混乱、需求层次高低不一等社区发展问题，不同种类与不同层次人群的行为在限制区域生态系统有效发展的同时也对区域生态系统的基底优势造成了不同程度的破坏。

本章参考文献

[1] 何彤，吴晓萍．西方城市社区建设历程及其启示［J］．城市问题，2002（3）：72-79.

[2] 吴缚龙．中国城市社区的类型及其特质［J］．城市问题，1992（5）：24-27.

[3] 田晶，郭生练，刘德地，等．气候与土地利用变化对汉江流域径流的影响［J］．地理学报，2020，75（11）：2307-2318.

[4] 刘纪远，宁佳，匡文慧，等．2010—2015年中国土地利用变化的时空格局与新特征［J］．地理学报，2018，73（5）：789-802.

[5] 刘芳，闫慧敏，刘纪远，等．21世纪初中国土地利用强度的空间分布格局［J］．地理学报，2016，71（7）：1130-1143.

[6] 郭怀成，都小尚，刘永，等．基于景观格局分析的区域规划环评方法［J］．地理研究，2011，30（9）：1713-1724.

[7] 赵东波，梁伟，杨勤科，等．陕北黄土丘陵区近30年来土地利用动态变化分析［J］．水土保持通报，2008，28（2）：22-26.

[8] 王秀兰，包玉海．土地利用动态变化研究方法探讨［J］．地理科学进展，1999，18（1）：81-87.

[9] 刘纪远，张增祥，庄大方，等．20世纪90年代中国土地利用变化的遥感时空信息研究［M］．北京：科学出版社，2005.

[10] 许风娟．济南南部近郊区景观动态变化及其生态效应分析［D］．济南：山东师范大学，2006.

[11] 中国大百科全书总编辑委员会．中国大百科全书·环境科学［M］．北京：中国大百科全书出版社，1992.

[12] 刘哲．沪灞生态区建设的景观格局变化及其生态效应分析［D］．西安：西北大学，2013.

[13] 宋治清，王仰麟．城市景观及其格局的生态效应研究进展［J］．地理科学进展，2004，23（2）：97-106.

［14］谢高地，鲁春霞，冷允法，等．青藏高原生态资产的价值评估［J］．自然资源学报，2003，18（2）：189-196.

［15］马倩，孙虎，昝梅．新疆艾比湖生态脆弱区生态服务价值对土地利用变化的响应［J］．地域研究与开发，2011，30（4）：112-116.

［16］李根明，董治宝，孙虎，等．豫北平原近25年来生态服务价值研究［J］．环境科学研究，2010，23（9）：1136-1141.

［17］宋宏利，张晓楠，伦更永．冀南土地利用变化对区域生态服务价值的影响分析［J］．水土保持研究，2011，18（1）：236-238.

［18］杨正勇，杨怀宁，郭宗香．农业生态系统服务价值评估研究进展［J］．中国生态农业学报（中英文），2009，17（5）：1045-1050.

［19］欧阳志云，王效科，苗鸿．中国陆地生态系统服务功能及其生态经济价值的初步研究［J］．生态学报，1999，19（5）：607-613.

［20］韩会庆，蔡广鹏，张凤太，等．喀斯特地区土地利用变化对生态服务价值的影响：以贵州省绥阳县为例［J］．水土保持研究，2013，20（2）：272-275.

第 **3** 章

基于"三生"视角下的巨型开放性社区
城市更新空间演变及特征
——以贵阳花果园社区为例

3.1 巨型开放性社区的"三生"空间
研究意义及其进展

在快速城市化过程中，巨型棚户区改造是城市更新的重要方式，也使得城市生产、生活、生态用地结构发生巨大改变。改造后的花果园社区在居住模式、生活方式、交通娱乐、文化教育等多个方面都发生了很大的变化，而这些变化主要表现在土地利用类型的改变。本章从生产、生活、生态三个方面来研究花果园社区的土地利用类型的演变，以探究花果园在2006~2018年的空间演变过程，探索其演变特征，为将来居住区以及空间演变的方向规划提供借鉴。

土地利用多功能性识别是城市用地组织、协调与配置的基础信息源，是判定城市用地内在功能形态、功能组合模式和功能之间动态权衡的关键，具有重要的理论和实践意义[1]。由于花果园的地理位置优越，与贵阳火车站、贵阳市中心城区距离较近，为缓解老城区的人口和交通压力，花果园巨型社区城市更新项目得以立项，花果园的社区空间及功能也随之发生变化。在社区演变的过程中，花果园社区的空间布局、形态结构不断更新，是贵阳市社会与自然环境相互作用最为密切的地区。这种交互作用的突出特点之一是赋予城市用地多重功能属性。

从广义层面来看，土地资源不仅是重要的生产要素，可提供人类生存不可或缺的食物、淡水以及木材、纤维、能源等生产原料、动力等，也是人类活动的关键性资源，可提供诸如居住、交通、休闲娱乐等生活功能；此外，土地资源还具备土壤、水文、气候、植被、地形等生态环境特征。[2]党的十八大提出"促进生产空间集约高效、生活空间宜居适度、生态空间山清水秀"（简称"三生"空间）的要求，指出了国土空间优化的目标和原则[3]。在《中国共产党第十九届中央委员会第五次全体会议公报》中，"全会提出，优化国土空间布局，推进区域协调发展和新型城镇化"。《中共中央关于制定国民经济和社会发展第十四个五年规划和二〇三五年远景目标的建议》中指出，"构建国土空间开发保护新格局。立足资源环境承载能力，发挥各地比较优势，逐步形成城市化地区、农产品主产区、生态功能区三大空间格

局，优化重大基础设施、重大生产力和公共资源布局。支持城市化地区高效集聚经济和人口、保护基本农田和生态空间，支持农产品主产区增强农业生产能力，支持生态功能区把发展重点放到保护生态环境、提供生态产品上，支持生态功能区的人口逐步有序转移，形成主体功能明显、优势互补、高质量发展的国土空间开发保护新格局"。习近平在中国共产党第二十次全国代表大会上的报告中指出，要提高城市规划、建设、治理水平，加快转变超大特大城市发展方式，实施城市更新行动，打造宜居、韧性、智慧城市。

生产功能是指土地作为劳作对象直接获取或以土地为载体进行社会生产而产出各种产品和服务的功能，它被进一步细分为生产与健康物质供给生产功能、原材料生产功能、能源矿产生产功能及间接生产功能 4 大类。其中生产与健康物质供给生产功能是维持人类生存和发展的基础性功能。食物与水是土地利用系统最为重要的两大功能性供给物品。生产用地包括商服用地、工矿仓储用地、交通运输用地、水域及水利设施用地中的水工建筑用地；半生产用地包括耕地、园地、公共管理与公共服务用地（不含公园与绿地）、水域及水利设施用地中的沟渠、其他土地中的设施农用地和田坎；弱生产用地包括草地中的天然牧草地和人工牧草地、水域及水利设施用地中的水库水面和坑塘水面。[1,4]

生活用地是人们用来满足休憩、消费、娱乐休闲及一些特殊目的而占用的土地。居住用地为人们提供休憩的场所，是比较典型的生活用地。特殊用地中的军事用地、使领馆用地、监教场所用地、宗教用地、殡葬用地等则用于国防安全、外交、宗教、丧葬等特殊活动。半生活用地主要包括公共管理与公共服务用地，这些用地为人们提供政府的公共福利，包括教育、信息传播、医疗、文化、体育等。[1,4]

生态功能是指生态系统与生态过程所形成的、维持人类生存的自然条件及其效用，包括空气调节、气候调节、水文调节、原料生产、生物多样性保护、娱乐文化、土壤保护、维持养分循环、食物生产 9 类具体功能。土壤、水文、植被、气候和生物要素是构成土地利用生态功能的基本组件，这些要素的综合作用可产生具体的生态功能类型。生态用地包括林地，草地，水域和水利设施用地中的河流水面、湖泊水面、沿海滩涂、内陆滩涂、冰川、永久积雪，以及其他土地中的空闲地、盐碱地、沼泽地、裸地和沙地，这些用地类型属于

完全的生态用地。半生态用地包括耕地、园地、其他土地中的田坎。[1,4]

工业化和城镇化的快速推进给国土空间格局合理布局与开发带来了前所未有的影响和冲击，随着城乡建设用地不断扩张，农业和生态空间受到挤压，环境污染严重，生态系统退化，城镇、农业、生态空间矛盾加剧，国土空间可持续发展面临严峻挑战和危机[5-8]。贵阳花果园社区也在时代洪流下进行着激烈变化。"三生"空间是一种综合性的空间分区方式，而空间分区是国土空间优化配置的重要基础与核心内容，是制定差别化国土资源管理政策的主要依据，其形成与空间规划体系的目标息息相关。[10]目前，学术界对"三生"空间识别作了大量研究，并取得了系列成果，主要集中于"三生"空间概念与内涵[11-14]、"三生"空间用地分类体系[15-18]、"三生"空间识别[19]。同时，"三生"空间的概念和理论广泛应用于土地科学的各个领域，如"三生"空间和乡村重构与优化布局[20]、土地整治[21]、城市布局[22]、旅游开发[23]等。

国内学者对社区空间结构演变过程研究的主要方向为社会空间，例如，利峰、任健强、田银生提出早期蒙特利尔华人社区空间形态研究；[24]陈忠祥等人讨论了宁夏回族社区在时间变化中的演变特征以及空间结构的变化；王兴中等人相继进行了城市居住空间结构演变与社会区域划分的研究；杜德斌着力于多伦多都市区的居住空间结构研究。以往国内外学者对于社区空间格局演变研究多以某个社区为例，研究其一段时间内的人口、环境和土地结构变化，多侧重于社区从封闭、生活自理到社区边缘淡化、居民交往增加、社区从单一功能转变为综合多功能的生活空间。如张祥智、崔栋通过对新加坡封闭公寓社区的演变研究证明：随着人们的需求和政策的调整，社区逐渐从封闭走向开放，其中"小封闭、大开放"式社区模式值得我国借鉴[25]。

城市社区主要是一个居民聚集、生活的空间场所，也是人们商业交易、物流、经济、生态的枢纽中心。在社区的演变过程中，社区的空间布局、形态结构不断地演变更新。使用先进的空间信息技术——地理信息系统（GIS）——可动态监视和模拟城市空间格局的演变，研究城市社区空间格局演变的指导因素。

地理信息系统是未来城市发展和规划必不可少的工具之一，也是城市社区演变设计研究的重要手段。遥感呈现出来的图像是地面上的物体（如建筑、植被、河流等）所表现出的不同光谱和几何特性的全面反映，有助于我

们进一步了解和清晰认识一个区域的分布范围,例如对于花果园社区,我们可以通过遥感图像找到其分布区域范围所至。

本章以花果园社区为例,在基于 GIS 技术的开放性下对其进行空间格局演变研究。首先利用遥感技术得出花果园社区的遥感图像,然后通过 TM 影像进行地理分析,并结合区域经济统计数据,展开城市空间格局演变特征分析和动力机制分析,研究花果园社区"三生"空间格局的演变,找出推动因素,为城市或社区建设提供建议。

以花果园社区为例,开展基于土地利用评价的城市更新过程中的"三生"空间变化研究,一方面拓展"三生"空间理论的应用深度,提出一种基于城市社区尺度"三生"空间划定法;另一方面扩展城市社区更新理论的"三生"空间理论研究方向,为城市社区更新多元价值挖掘与培育提供空间基础,为地区转型发展与空间重构提供科学借鉴。

3.2　花果园社区空间整体变化特征

基于花果园社区 2006 年、2012 年、2018 年的遥感图像解译,把土地利用数据整合成三类,即将社区空间分为生产空间用地、生活空间用地和生态空间用地[17],分析这三类空间用地的变化(面积和比例)。其中,生产空间用地与产业结构有关,是指提供工业品、农产品和服务产品为主导功能的区域,包括工矿建设用地和农业生产区域及商业服务区域,如耕地、园地、写字楼、购物中心等。生活空间用地指提供给人们居住的区域,包括城市、建制镇和农村居民点空间,如住宅用地、公共生活用地、教育用地等。生态空间用地是指与自然有关,以提供生态产品和生态服务为主导功能的区域,如湿地公园、灌木灌丛、乔木林地、水域、荒草地等[18]。

通过数据分析,由表 3.1 及图 3.1 可知,2006 年在花果园社区土地类型中,生态空间用地占比最大,生活空间用地占比最小。这是因为在 2006 年,尚未对花果园进行棚户区改造,很多生活空间用地上的建筑都是低矮型的民居,交通体系尚不健全;生态空间用地尚未大规模发生生活配套,如教育、医疗、体育、文化等用地较少。

由表 3.2 和图 3.2 可以看出,在 2012 年花果园社区已经开发一部分区域，生产空间用地占地面积相比于 2006 年有所提高，生态空间用地面积减少。这是由于当时对花果园社区进行开发建设，很多生态用地变更为生产用地，为打造花果园新城做准备。

通过几年的建设，巨型花果园社区已经基本建成。由表 3.3 和图 3.3 可以看出，2018 年生活空间用地所占的面积最大，生态空间用地的面积相比 2006 年和 2012 年减少了很多。这是因为开发一个综合型新市镇性质社区，需要对其他类型的土地进行开发，在保持一定的绿化率之下，生态空间用地必将有所压缩。由于花果园社区的棚户区改造，生产空间用地多由工矿建设用地转为新城区内的商业用地，如花果园购物中心、中央商务区、贵阳双子塔以及国际中心等中央办公区域。

通过归纳各类土地面积的变化情况可以看出，在 2006 年、2012 年、2018 年，花果园的土地利用类型数量变化较大的是生活空间用地和生态空间用地（见表 3.4）。

表 3.1　2006 年花果园土地利用类型数据统计❶

土地类型		占地面积/hm²	土地总面积/hm²	土地占比（%）
生产空间用地	工矿建设用地及交通运输用地	37.37	132.29	22.85
	耕地用地	85.87		
	商业服务用地	9.05		
生活空间用地	住宅用地	100.01	120.09	20.74
	公共管理与公共服务用地	10.28		
	特殊用地	9.80		
生态空间用地	坑塘及湿地水面	1.41	326.59	56.41
	灌木灌丛	56.12		
	乔木林地	234.19		
	荒草地	28.11		
	裸土地	6.76		

❶ 表 3.1~表 3.3 中土地总面积之和与第 2 章相关表格数据不一致，是由于划分土地斑块误差所致。

74

图 3.1　2006 年花果园土地利用分布

表 3.2　2012 年花果园土地利用类型数据统计

土地类型		占地面积/hm²	土地总面积/hm²	土地占比（％）
生产空间用地	工矿建设用地及交通运输用地	163.06	195.61	34.68
	耕地用地	21.44		
	商业服务用地	11.11		
生活空间用地	住宅用地	91.86	121.84	21.60
	公共管理与公共服务用地	18.18		
	特殊用地	11.80		
生态空间用地	坑塘及湿地水面	4.85	246.52	43.71
	灌木灌丛	46.28		
	乔木林地	172.58		
	荒草地	14.91		
	裸土地	7.90		

注：土地占比各分项数据之和约为 100%，是由于数值修约误差所致。

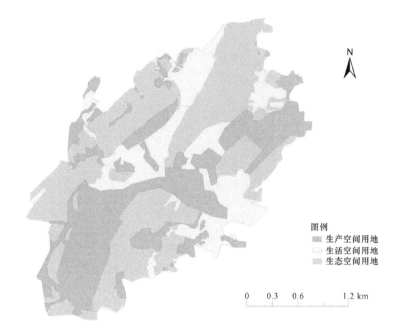

图 3.2　2012 年花果园土地利用分布

表 3.3　2018 年花果园土地利用类型数据统计

土地类型		占地面积/hm²	土地总面积/hm²	土地占比（%）
生产空间用地	工矿建设用地及交通运输用地	61.69	100.48	17.42
	耕地用地	9.10		
	商业服务用地	29.69		
生活空间用地	住宅用地	227.63	255.52	44.29
	公共管理与公共服务用地	11.45		
	特殊用地	16.44		
生态空间用地	坑塘及湿地水面	3.50	220.86	38.29
	灌木灌丛	61.59		
	乔木林地	137.14		
	荒草地	12.38		
	裸土地	6.25		

图 **3.3**　**2018 年花果园土地利用分布**

表 **3.4**　**2006 年、2012 年、2018 年花果园各类土地面积变化统计**

单位：hm^2

土地类型	2006 年	2012 年	2018 年
生产空间用地	132.29	195.61	100.48
生活空间用地	120.09	121.84	255.52
生态空间用地	326.59	246.52	220.86

花果园城市更新项目开发商也迈出从地产开发商到城市运营商转型的步伐，并于 2017 年与腾讯公司签署《花果园智慧城市项目战略合作协议》；于 2019 年携手移动、联通、电信等通信运营商，将花果园打造成为贵州省首个 5G 社区。花果园作为开放性综合型新市镇性质社区，其功能的多样化已逐步形成。

3.2.1　空间演变的土地利用变化动态

2006 年，花果园的土地利用类型主要是生态空间用地，约有 326.59 hm^2，约占花果园土地面积的 56.41%。花果园在 2006～2012 年，生产空间用地土地利用面积增加最多。由图 3.4 可知，在此期间，生态空间用地转变为生产空间用地的面积约为 83 hm²，生态空间用地转变为生活空间用地的面积约为 18 hm²，生产空间用地转变为生态空间用地的面积约为 17 hm²，生产空间用地转变为生活空间用地的面积约为 39 hm²，生活空间用地转变为生态空间用地的面积约为 14 hm²，生活空间用地转变为生产空间用地的面积约为 41 hm²。

		2012 年		
		生态空间用地	生产空间用地	生活空间用地
2006 年	生态空间用地	—	82.95	17.69
	生产空间用地	17.11	—	38.83
	生活空间用地	14.34	41.33	—

图 3.4　花果园 2006~2012 年土地利用转移矩阵（hm²）

图 3.5 为 2012~2018 年花果园土地利用的转移矩阵。在此期间，生活空间用地的土地利用面积增加最大。其中，生态空间用地转变为生产空间用地的面积约为 19 hm²，生态空间用地转变为生活空间用地的面积约为 41 hm²；生产空间用地转变为生态空间用地的面积约为 16 hm²，生产空间用地转变为生活空间用地的面积约为 132 hm²；生活空间用地转变为生态空间用地的面积约为 6 hm²，生活空间用地转变为生产空间用地的面积约为 33 hm²。

		2018 年		
		生态空间用地	生产空间用地	生活空间用地
2012 年	生态空间用地	—	19.33	41.30
	生产空间用地	15.79	—	132.04
	生活空间用地	6.16	33.37	—

图 3.5　花果园 2012~2018 年土地利用转移矩阵（hm²）

3.2.2　生活空间用地扩张

2006~2012 年，花果园城市更新项目处于均衡开发阶段，生活空间用地的减少量约等于生活空间用地的增加量，生活空间用地总面积基本没有改变，但生活空间用地的空间布局发生了较大变化（见图 3.6~图 3.9）。生活

空间用地的减少主要是拆迁老旧城中村不规范建筑带来的,约减少 56 hm²; 生活空间用地新增加面积约 57 hm²,为新开发的社区生活空间用地,总体新增加不到 1 hm²。2012~2018 年,花果园城市更新项目生活空间用地处于加速扩张与建设阶段,生活空间用地新增加了约 173 hm²,远远大于生活空间用地的减少量(约 40 hm²),总体约增加 130 多公顷。开发一个新城区的基本条件是扩张生活空间用地,只有把生活空间用地面积扩大,居住人数上升,才会给当地带去生机与活力,生活空间扩张的土地主要是原有生活空间用地的拆迁和生产空间用地(耕地),还有部分生态空间用地(乔木林地、荒草地)。

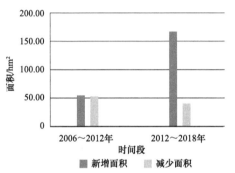

图 3.6　花果园生活空间用地面积变化

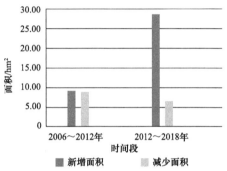

图 3.7　花果园生活空间用地年均面积变化

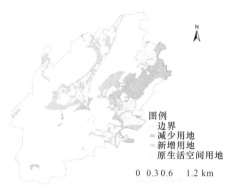

图 3.8　2006~2012 年花果园
生活空间用地分布

图 3.9　2012~2018 年花果园
生活空间用地分布

3.2.3 生产空间用地变化特点

2006～2012 年，花果园生产空间用地面积增加约 124 hm^2，减少约 56 hm^2，总计增加约 68 hm^2。2012～2018 年，花果园生产空间用地减少约 148 hm^2，增加约 53 hm^2，总计减少约 95 hm^2（见图 3.10～图 3.13）。生产空间用地新增面积的主要来源一部分是原生态用地（乔木林地、灌木灌丛、荒草地），生态空间用地转变为生产空间用地的面积占新增面积的 60% 左右；另一部分是原花果园居民点的生活空间用地。

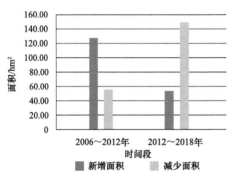

图 3.10 花果园生产空间用地面积变化

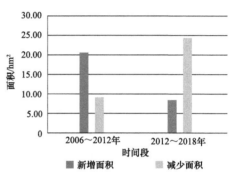

图 3.11 花果园生产空间用地年均面积变化

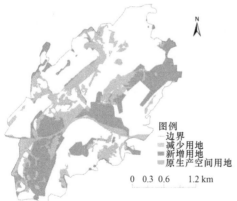

图 3.12 2006～2012 年花果园
生产空间用地空间分布

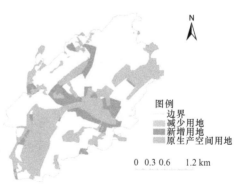

图 3.13 2012～2018 年花果园
生产空间用地空间分布

2006~2012 年，因当时正处于花果园社区开发初级阶段，大片土地为建设工地，因此生产空间用地面积增加较大。2018 年，生产空间用地面积有所减少，主要是因为生产空间用地（建设工地、耕地等）很大一部分转变为生活空间用地（住宅用地、广场、教育用地），转变面积约为 132 hm²，约占生产空间用地减少面积的 89%。因此，生产用地面积的变化特点是先扩大再减少。

3.2.4 生态空间用地变化特征

2006~2012 年，花果园生态空间用地面积新增约 31 hm²，减少面积约 100 hm²，就总体而言减少约 69 hm²。其中，生态空间用地转变为生产空间用地的面积约为 83 hm²，转变为生活空间用地的面积约为 18 hm²。在分类上，转变得最多的是乔木林地，约占生态空间用地减少面积的 60%。2012~2018 年，生态空间用地新增面积约为 22 hm²，减少面积约为 61 hm²，整体减少约 39 hm²。其中，生态空间用地转变为生产空间用地的面积约为 19 hm²，转变为生活空间用地的面积约为 41 hm²。

通过上述分析可知，生态空间用地的变化特征是面积持续减少（见图 3.14~图 3.17）。而在两个发展阶段中，减少的面积先多后少，最终会达到一个饱和平衡点。

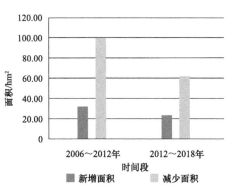

图 3.14 花果园生态空间用地面积变化

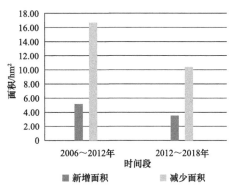

图 3.15 花果园生态空间用地年均面积变化

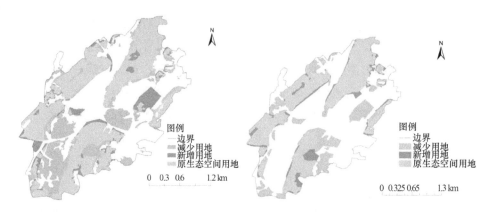

图 3.16   2006~2012 年花果园
生态空间用地分布

图 3.17   2012~2018 年花果园
生态空间用地分布

　　随着城镇化发展速度的提高，很多群众向往城镇的生活，城市也在趋向于多元化发展，促使城市进一步变革，土地利用的类型也在逐渐多样化，生活空间用地面积的增加不可避免地会使大量的生态空间用地被征用，区域内的生态绿化遭到破坏，绿化面积减少。但是花果园主要为"内聚式"发展模式，以基地山脉为边界，更新改造建设有良好规划，能够避免因发展迅速、区域扩展面积太大而破坏周边的生态环境，建设开发区内按照指标施工建设，尽量减少对山体、田野等自然环境因素造成的破坏，可以减少土地利用类型的改变带来的负面影响。

　　土地空间的演变来自各类用地之间的相互转换。根据花果园 2006 年、2012 年、2018 年的土地利用类型面积的变化可以看出，一个新城区的建设，在带来经济活力的同时，也会使原有的生态环境遭到一定程度上的破坏，如果没有把握好规划方向和做好考察，不能控制好土地类型之间的转换，将会对生态和生活产生不良影响。这提醒我们在以后的规划建设中，需要对建设区域进行深入考察研究。

3.3   花果园社区"三生"空间变化驱动因素分析

　　随着贵州省城市化进程加快及贵阳市首位度提升，花果园巨型开放性社区"三生"空间也在发生演变,生产空间、生活空间、生态空间发生了翻天覆地的改变。其空间演变的驱动因素可归纳为以下几点。

3.3.1 区位驱动

花果园社区区位条件较好,如图 3.18 所示。花果园社区与贵阳城市中心的距离小于 2.5 km,与贵阳火车站的直线距离仅有 1.6 km,处于贵阳老城区核心经济圈的辐射范围内,中间有一山体阻隔,独立性较强,且三面环山,森林资源丰富,自然条件、地理位置优越,依山傍水,总体环境承载力良好。

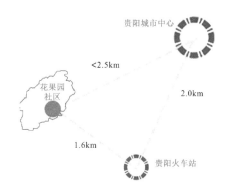

图 3.18 花果园位置

3.3.2 交通驱动

花果园西接花溪大道北段,与贵黄高速公路相连,东接花溪大道北段,到达龙洞堡只需 1 h 左右的时间;南接解放路,经服务大楼、火车站、邮电大楼至油榨街;北往浣纱路至贵阳汽车中心站,可达喷水池、三桥、修文,交通便利。花果园交通线路总体上呈"X"形交叉,处于十分重要的位置,成为新城区选址的最佳位置。且该社区为开放性社区,社区内有多条城市BRT、城市普通公交、社区内部公交通过。地铁 3 号线于 2018 年 12 月 30 日开工,截至本专著出版时仍在施工,在社区内设有花果园东站与花果园西站两个地铁站点。

3.3.3 规划驱动

根据贵阳总体规划纲要，为促进老城中心区的更新，需要建设一个新城区减轻人口和环境等压力，因此花果园社区规划的初步愿景是从规模及服务人口考虑，将花果园建设为一个拥有多元结构的综合社区，并且是一个功能多、综合性强的大型城市社区。因此，具有综合型新市镇性质的开放性巨型花果园社区应运而生，并形成了其多功能特征。在花果园社区开发建设中，按照规划设计初衷，结合地域的可塑性和现状，再根据人口的预判对区域范围内的土地进行分类建设，逐渐演变成为今天的花果园。

图 3.19 展示了 2006 年、2012 年、2018 年花果园湿地公园区域的演变图。通过图像可以看出，在 2006 年，如今的花果园湿地公园和购物中心所在地还只有一片低矮自建房建筑。通过发展，到 2012 年，花果园湿地公园逐渐完成建设，已经引入水体并开拓出湿地公园，同时旁边在建设一座购物中心，并在后来逐渐成为全社区面积最大、经营范围最广的购物中心。截至 2018 年，花果园湿地公园进一步改造，建设了一些供游客休憩的亭廊、座椅，充分利用了现有资源。

　（a）2006年　　　　　　（b）2012年　　　　　　（c）2018年

图 3.19　花果园湿地公园区域的演变

3.3.4 城市化驱动

随着城市化的迅速发展，大批外来人口涌入城市谋生，急需一个包容性强、容纳空间大、功能齐全的社区来吸引、安置这些外来工作者。花果园社区集居住功能与商务功能于一体，可集中提供大量住房；同时，花果园社区可提供较多工作机会，医疗与教育相对便利，还具备一些娱乐、住宿、餐饮的商业功能。花果园社区更新项目的发展与贵阳市城市化进程加快同步，在城市化加快背景下，这一多功能空间的巨型开放性社区得到迅速发展。

3.3.5 影响力驱动

花果园巨型开放性社区因其体量巨大，已成为贵阳几乎无人不知、无人不晓的社区。其中的白宫、双子塔、花果园湿地公园、花果园购物中心等都是网红打卡地与贵阳市新地标。花果园社区引起许多市民的注意，社区内人流量暴增，如今社区已成为具有贵阳标志性的建筑规划社区之一，在有效的区域面积内实现了更大的居住、生产、商业、休闲功能，也吸引了越来越多的创新型企业与初创型公司入驻。

本章参考文献

[1] 李广东, 方创琳. 城市生态—生产—生活空间功能定量识别与分析 [J]. 地理学报, 2016, 71 (1): 49-65.

[2] VERBURG P H, VAN DE STEEG J, VELDKAMP A, et al. From land cover change to land function dynamics: A major challenge to improve land characterization [J]. Journal of Environmental Management, 2009, 90 (3): 1327-1335.

[3] 刘彦随, 陈聪, 李玉恒. 中国新型城镇化村镇建设格局研究 [J]. 地域研究与开发, 2014, 33 (6): 1-6.

[4] 刘继来, 刘彦随, 李裕瑞. 中国 "三生空间" 分类评价与时空格局分析 [J]. 地理学报, 2017, 72 (7): 1290-1304.

[5] 樊杰. 我国主体功能区划的科学基础 [J]. 地理学报, 2007, 62 (4): 339-350.

[6] FANG C, YANG J, FANG J, et al. Optimization transmission theory and technical pathways that describe multiscale urban agglomeration spaces [J]. Chinese Geographical Science, 2018, 28 (4): 543-554.

[7] LIU Y, LI J, YANG Y. Strategic adjustment of land use policy under the economic transformation [J]. Land Use Policy, 2018, 74: 5-14.

[8] 龙花楼, 刘永强, 李婷婷, 等. 生态文明建设视角下土地利用规划与环境保护规划的空间衔接研究 [J]. 经济地理, 2014, 34 (5): 1-8.

[9] 吴次芳, 叶艳妹, 吴宇哲, 等. 国土空间规划 [M]. 北京: 地质出版社, 2019.

[10] 刘燕. 论"三生空间"的逻辑结构、制衡机制和发展原则 [J]. 湖北社会科学, 2016 (3): 5-9.

[11] 方创琳. 城市多规合一的科学认知与技术路径探析 [J]. 中国土地科学, 2017, 31 (1): 28-36.

[12] TANG C, HE Y, ZHOU G, et al. Optimizing the spatial organization of rural settlements based on life quality [J]. Journal of Geographical Sciences, 2018, 28 (5): 685-704.

[13] 邓伟, 张继飞, 时振钦, 等. 山区国土空间解析及其优化概念模型与理论框架 [J]. 山地学报, 2017, 35 (2): 121-128.

[14] 张红旗, 许尔琪, 朱会义. 中国"三生用地"分类及其空间格局 [J]. 资源科学, 2015, 37 (7): 1332-1338.

[15] 杨清可, 段学军, 王磊, 等. 基于"三生空间"的土地利用转型与生态环境效应: 以长江三角洲核心区为例 [J]. 地理科学, 2018, 38 (1): 97-106.

[16] SHI Z, DENG W, ZHANG S. Spatio-temporal pattern changes of land space in Hengduan Mountains during 1990-2015 [J]. Journal of Geographical Sciences, 2018, 28 (4): 529-542.

[17] CAO S, HU D, HU Z, et al. Comparison of spatial structures of urban agglomerations between the Beijing-Tianjin-Hebei and Boswash based on the subpixel-level impervious surface coverage product [J]. Journal of Geographical Sciences, 2018, 28 (3): 306-322.

[18] 席建超, 王首琨, 张瑞英. 旅游乡村聚落"生产-生活-生态"空间重构与优化: 河北野三坡旅游区苟各庄村的案例实证 [J]. 自然资源学报, 2016, 31 (3): 425-435.

[19] 龙花楼. 论土地整治与乡村空间重构 [J]. 地理学报, 2013, 68 (8): 1019-1028.

[20] LONG H. Land consolidation: An indispensable way of spatial restructuring in rural China [J]. Journal of Geographical Sciences, 2014, 24 (2): 211-225.

[21] 胡兴定. 基于人居环境的采矿复垦区"三生"空间优化研究 [D]. 北京: 中国地质大学, 2016.

[22] 徐东辉. "生产、生活、生态"融合理念下的佛山市迳口华侨经济区开发建设规划 [J]. 规划师, 2013 (2): 72-79.

[23] TAO H, LIU J, DENG Y, et al. Tourism sectorization opportunity spectrum model and space partition of tourism urbanization area: A case of the Mayangxi ecotourism area, Fujian Province, China [J]. Journal of Mountain Science, 2017, 14 (3): 595-608.

[24] 利锋, 任健强, 田银生. 早期蒙特利尔华人社区空间形态研究 [J]. 规划师, 2013, 29 (10): 122-127.

[25] 张祥智, 崔栋. 新加坡封闭公寓社区的演变特征及其社会空间效应: 兼论对我国居住区规划的启示 [J]. 国际城市规划, 2020, 35 (3): 62-70.

第 4 章

巨型开放性社区居民行为特征
——以贵阳花果园社区为例

第二次世界大战后，西方学者对于人文地理学进行了深入研究，形成了地理学的社会科学化趋势，不再局限于传统的区域描述和空间现象分析，而是深入人文地理学的各个层面。行为地理学于 1960 年诞生，认为人的空间活动与环境的相互作用不仅仅与个人行为特征相关，还与人们对环境的认知以及受环境影响而产生的决策等相关。自 20 世纪 90 年代以来，行为地理学、城市规划学开始关注城市中个体的需求，将其目光从宏观转向微观[1-5]。国外学者开始以此为基础研究如何将个体行为特征与城市未来规划相结合，并对不同年龄结构、性别构成、社会群体、居住区域等分别进行了详细的研究。例如，对女性行为的特殊研究，总结得出显示女性受到更多的时空制约，其活动的时空弹性较强，这与女性在家庭中担任的角色与会不会产生由自主意识主导的日常活动这两个方面密切相关。国外学者的研究成果，吸引了国内学者针对女性这一特殊群体进行单独研究。慢慢地，国内学者将注意力移至微观个体。

基于时间地理学视角的居民行为分析研究已经在国内有了初步的探究。从研究对象来看，对于已退休老年人[1,2]、女性[5]、在职员工[6]等都有了初步研究。从研究区域来看，众学者对中国地形的三大阶梯分别做出了详细分析，例如北京、广州、深圳、上海、乌鲁木齐、兰州、西宁等[7-11]，整体比较偏向于东部地区。从数据采集方式来看，主要采用时空间预算方法[3]，即个人在一段时间内（大致为 2~7 天，但一天内的行为要连续且具有代表性）所产生连续行为的系统记录，不仅能分析环境制约条件下活动选择和行为决策的过程，也可以反映居民生活节奏、活动系统特征和规律。而具体的数据收集方式主要分为 GPS 调查法和活动日志调查法。从研究内容来看，国内学者分别在时间和空间视角下解读处于不同地域、不同自然条件与资源基础、不同社会文化、不同经济条件等环境中的不同类型人群产生的居民生活方式与行为模式。

相较于研究整个城市，集中注意力研究范围较小但具有代表性的巨型开放性社区对于花果园社区的未来规划与管理更有借鉴价值。花果园社区占地面积较大且位于市中心、开放性较强，人口集中且构成复杂[12]，人口流动性较强且存在明显的跨区域通勤现象，分析其居民的行为特征，以达到优化未来规划的目的，并将其辐射到整个贵阳市。基于此，本书针对当地居民行为的分析，主要是花果园社区不同类型人群在时间和空间角度下对于活动选择和行为决策的相似处和不同点，分析其产生不同行为的主要原因，探索环境对于行为影响的主要表现和改善环境对行为制约关系的方法。特别针对因地形原因而产生的跨区域通勤现象、居民行为与花果园城市空间的关系、居民对于日常出行的满意度等方面，提出花果园社区未来规划需要解决的问题并提供一定的解决建议。

4.1　研究数据与研究方法

4.1.1　调查问卷样本

本研究采取调查问卷的形式收集数据。调查问卷主要由三部分组成，包括居民社会经济属性、工作日及休息日整天活动信息表、居民当天活动满意度调查。关于居民社会经济属性，主要了解受访者的性别、年龄、收入、职业、教育背景等。工作日整天活动信息表与休息日整天活动信息表有一定的区别，主要表现在时间划分不一致，工作日的时间划分在受访者上下班的时间段，较为详细，而休息日的时间划分较为平均，延续到凌晨 2 时以详细调查周末的夜生活。整体表格分为 3 个部分，分别调查居民在一定时间段内的出行方式（步行、公交、地铁、出租车、班车、摩托车或电动车等）、活动类型（学习、工作、购物和休闲、处理个人事务、看病、其他）、陪伴类型（家人、配偶、室友、同事或同学、朋友、无人陪伴）。就居民整天的活动得出对花果园社区的满意程度、满意之处以及不满意的原因和改善建议。因问卷的特殊性，需要调查花果园社区居民 2~7 天的各种行为产生的原因、出行方式、陪伴类型、满意程度等。详细调查问卷样本内容见附录 B。

4.1.2　受访对象及调查方法

受访对象必须居住在花果园社区，16 岁以下居民以及年龄超过 70 岁的老年人不具备独立完成问卷的能力，所以受访者的年龄控制在 16~70 岁。

国内比较流行的调查方法有两种，分别为 GPS 调查法和活动日志调查法。GPS 调查法即受访者手持 GPS 定位仪，通过卫星来获取居民一天的活动信息。GPS 调查法获取的时空行为数据在时间上的误差一般在 5 min 之内，空间上的误差在 8 m 以内[7]，存在的问题是容易与卫星失去联系而产生位置漂移，个别女性受访者会因隐私拒绝调查从而产生样本性别组成的偏差，研究预算成本较高，但获取的数据精确且真实、样本量不需要太多、回收率和有效率较高。活动日志调查法即通过问卷调查表的形式，收集个体某一时间段内连续的活动和出行信息。活动日志调查法节省经费，受访者可以不受干扰，存在的问题是调查获取的时空行为数据严重依赖于受访者的个人观察和回忆，受主观影响较大，但回收样本较为容易、样本量足够、回收率高、问卷有效率较高。总体上看，在真实性和准确性上，以高科技设备为支撑条件的 GPS 调查法强于活动日志调查法；在代表性和受访者范围上，活动日志调查法优于 GPS 调查法，两者各有利弊。根据现有条件，本课题研究采取活动日志调查法，持续时间为 2~7 天，由受访者通过回忆一天的行程来认真填写问卷。具体方法是，提前与居住在花果园社区且有一定居住年限的 53 名受访者进行联系，经过协商同意之后在工作日和休息日发放不同的问卷，至少收集两天的活动信息，最好是收集其一周的活动信息，以便深入了解花果园社区居民的活动-行为规律以及受环境制约的主要因素。

4.1.3　研究方法

针对居民行为的分析理论方法，影响较为深远的为时间地理学分析法和活动分析法，还有一种影响较为薄弱的是陈述偏好分析法。

1. 时间地理学分析法

时间地理学最早由瑞典学者哈格斯特朗于 20 世纪 60 年代末提出，其核心是关注微观层面的人类行为与客观环境的关系。[13] 时间地理学分析法一方面以微观个体为主体进行分析，通过微观分析来折射宏观问题；另一方面将时间与空间两种资源进行结合，对个体行为进行综合空间研究。因此，其通常研究个体的路径由个体受各种制约而在时间、空间中的活动轨迹和停留点所组成[13]，通过分析路径中个体活动所产生的时间和空间特征、决策过程以及活动模式等，为构建理想的城市空间服务。

2. 陈述偏好分析法

陈述偏好分析法是选择事先设定好的选项，总结出选项的属性，通过受访者对各类选项的选择来研究其偏好，将这些偏好构成模拟决策模型来预测现实中的个人决策及其行为，由其理想的个人行为来预测居民的未来需求。

3. 活动分析法

活动分析法同样始于 20 世纪 60 年代末，广义的活动分析法是探讨居民日常活动规律，并将其置于一定尺度的环境中和空间-时间融合的背景下，同时将城市看作每个人活动、行为、选择的集合，研究居民日常活动对城市发展产生的影响，并对未来规划进行预测。[3]通过研究居民在时空背景下日常活动-移动模式，探究其如何利用城市不同区域，如何安排活动顺序并分配时间，如何根据周围环境进行选择，对周围环境的满意度以及改善方式。通过这些答案来实现居民行为和环境的互相优化。[14]

4. 三种方法之间的联系和差异

时间地理学分析法与陈述偏好分析法研究的主要目标是未来城市新的空间供给，为城市规划提供"拉力"。活动分析法是从居民自身需求出发，寻找出哪些方面对居民行为影响更为深刻，将这些方面作为未来规划的基础，为城市规划提供"推力"。

三种方法各有侧重点，时间地理学分析法侧重于时间、空间下居民路径的研究，局限于单一活动和出行活动，忽略了日常活动的多样性和关联性。采用此种方法，在《时间地理学视角下西宁城市回族居民时空行为分析》[11]一文中，作者分别分析了西宁市回族居民日常活动时间利用特征、日常行为空间分布特征和出行特征，但忽略了回族居民日常的各类活动以及原因。陈述偏好分析法侧重研究人的偏好，在很大程度上容易受居民主观意识的影响，其得到的成果是居民对于未来城市的想象，却忽略了现实条件可能成为阻碍，环境会对居民行为决策、选择等方面产生制约。活动分析法侧重于研究居民日常活动-移动模式，主要研究微观个体行为和活动与周围环境的相互制约关系，但因其调查内容的复杂性不适合作为研究大型地区的分析方法，所以缺乏与宏观空间背景的联系。

三种方法的共同点有两点：①三种方法都是从微观个体角度出发，通过对其分析来折射宏观问题；②三种方法对数据采取的分析方法都是时空预算方法。

本研究主要采用时间地理学分析方法，但会在此基础上结合活动分析法的优势，对居民活动产生的原因以及在活动类型的丰富度上做出一定的调整，并利用陈述偏好分析法，在调查问卷中添加花果园社区居民对于出行满意度的调查以及应该如何改善，以此为基础为花果园现有公共设施改善和未来城市规划提供一定的目标。

5. 详细分析方法

选定整体研究方法后，针对不同的研究内容使用不同的分析方法，具体如下：①对于时间的分析，采用活动-行为时间节奏图，将各活动类型所占时间比例以百分比堆叠面积图的形式表现出来[10]；②对于空间的分析，采用点分布图表示，再用标准差椭圆（空间分析）进行详细分析，将点的空间分布和趋向性表示出来[17-19]；③对于周围环境对居民自身影响的分析，采用二分类 Logistic 回归方法，将客观条件分为 6 个方面，调查其对居民出行决策的影响[20-22]；④对于居民的时空行为和花果园城市空间关系的分析，主要采用核密度分析法，将点的分布以锥体的形式进行表示[23-25]；⑤对于满意度分析，将基础分析与多元线性回归分析相结合，得到居民对于各个方面的满意度以及影响满意度的主要因素[26]。

4.2　居民工作日与休息日时空行为特征

本研究主要调查的是花果园社区居民 2020 年 4 月 1 日至 4 月 7 日的日常活动和交通出行。在调查数据采用的 53 个调查样本中，以贵阳市户籍居民为主，男性多于女性，年龄分布主要集中在 20~29 岁，月收入水平大多处于 2000~3999 元，月收入 20000 元及以上的居民数量为 0。居民的职业大部分为企业员工和学生（包括实习生），占总调查样本数的69.82%；受教育程度总体上处于中上水平，专科或技校毕业、本科毕业较多，占调查样本数的 83.02%。表 4.1 为花果园社区调查样本居民社会经济属性汇总。

表 4.1　花果园社区调查样本居民社会经济属性汇总

变　量	分类选项	样本数/人	百分比（%）
性　别	男	31	58.49
	女	22	41.51
年　龄	20 岁以下	2	3.77
	20~29 岁	24	45.28
	30~39 岁	17	32.08
	40~49 岁	5	9.43
	50~59 岁	4	7.55
	60 岁及以上	1	1.89
月收入	2000 元以下	6	11.32
	2000~3999 元	29	54.72
	4000~5999 元	10	18.87
	6000~9999 元	7	13.21
	10000~19999 元	1	1.89
	20000 元及以上	0	0
职　业	行政办公人员（公务员、事业单位等）	6	11.32
	生产及运输工人	1	1.89
	服务人员（教师、医务人员、服务员等）	5	9.43
	个体经营者	2	3.77
	自由职业者	1	1.89
	学生（包括实习生）	14	26.42
	离退休人员、家庭主妇	1	1.89
	企业员工	23	43.40
	农　民	0	0
	其　他	0	0
教育背景	高中及以下	1	1.89
	高　中	4	7.55
	专科或技校	16	30.19
	本　科	28	52.83
	硕　士	3	5.66
	博士及以上	1	1.89
	其　他	0	0

注：百分比各分项数据之和约为 100%，是由于数值修约误差所致。

如图 4.1 所示，花果园社区被调查的居民所居住的区域分布比较均衡，居住在东北和西南区域的居民较多，H 北区、C 北区、G 区、D 区北部这 4 个区域是花果园公共设施集中地，这 4 个区域居住的居民最少。

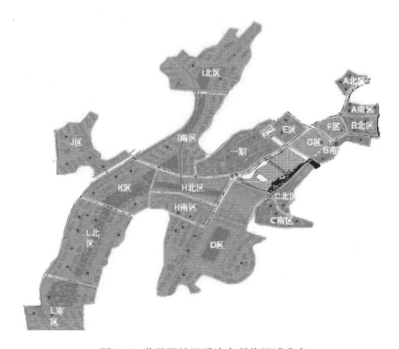

图 4.1 花果园社区受访者所住区域分布

利用花果园居民 2~7 天的活动日志调查数据，分析受访者在工作日和休息日活动的时间分布特征和空间分布特征、形成的规律和主要原因以及特殊的跨区域通勤现象。为了详细分析调查样本，将活动类型划分为 5 种类型，分别为工作、学习、购物和休闲（包括社交活动与外出游玩）、处理个人事务（包括处理家务、睡眠或者午睡、处理私事等类似活动）、看病（包括个人看病和探望亲戚朋友等）和其他；居民在各个时间段的陪伴类型划分为家人、配偶、室友、同事或同学、朋友以及无人陪伴 6 种类型；不同时间段使用的出行方式也不相同，大致将其分为步行、公交车、地铁、出租车、班车、摩托车或电动车、自行车以及私家车 8 种交通出行方式。

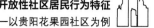

4.2.1 居民工作日和休息日时间分布特征及其成因

1. 居民工作日时间分布特征

如图 4.2 所示，将一周 112 小时（除去部分夜间时间）划分为 23 个小节，作为工作日整周活动-行为时间节奏图[10]的横坐标，单位为 h；以样本某个时间段内某项活动所占的比例为纵坐标。调查活动类型根据工作日主要活动内容将其分为工作、学习、处理个人事务、购物和休闲、看病和其他 5 种类型。

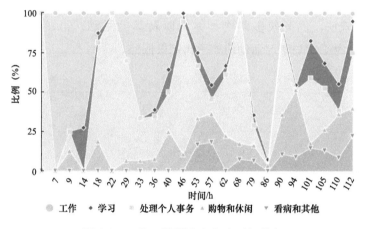

图 4.2 工作日整周活动-行为时间节奏

在工作日周期内，工作和处理个人事务这两种活动的发生频率较高，但不同的是工作主要发生在白天，处理个人事务则主要发生在夜晚。购物和休闲发生频率较为平均，周三之后发生频率增加。看病和其他的活动集中于周三和周五，周一发生频率大大下降。因调查样本中在读学生数量较少，学习这类活动规律性不强，但其他居民的学习大多集中于周五下班之后。从工作日整体情况角度出发，周一至周四的活动和行为都较为单一和有规律，但在星期五下班之后活动的多样性增加，部分居民会选择晚上在同伴的陪同下进行购物和休闲、处理个人事务等活动，但频率和持续时间长度并不能与休息日相比较。

以样本数量最多的星期五作为分析样本，研究一天内居民活动-行为的时间节奏，如图 4.3 所示，将一天 24 小时分为 9 个时间段，作为居民周五整天活动-行为时间节奏的横坐标，以样本某个时间段内某项活动占的比例为纵坐标。研究发现，大部分居民周五的活动呈现出四个峰值形态，峰值的出现代表工作活动最低值时段，除工作外其他活动比例增加。第一个峰值出现在 5:00，随后工作活动比例逐步上升，直到 9:00 达到工作活动最高峰；第二个峰值出现在 12:00，这是企业员工午休的时间，一些居民因解决午餐问题、公司要求或者丰富个人生活而产生外出的欲望，从而产生了外出活动，工作活动比例降至最低；在 14:00—16:00 时间段，工作活动比例迅速攀升；第三个峰值出现在 18:00，此时也是处于除工作外其他活动的高峰期，主要活动内容为下班归家、购物和休闲，此后工作活动有小比例增加，学习活动增加较快，仍有较多购物和休闲以及其他活动；第四个峰值出现在 22:00，此时工作与学习活动均处于比例最低处。

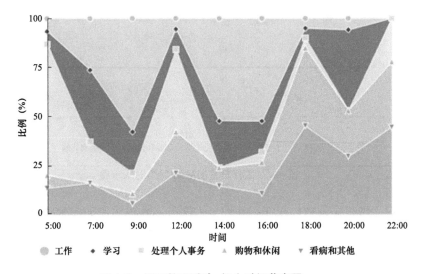

图 4.3　周五整天活动-行为时间节奏图

2. 居民休息日时间分布特征

如图 4.4 所示，将两天 48 小时平均划分为 16 个小节作为休息日活动-行为时间节奏图的横坐标；样本某个时间段内某项活动所占的比例为纵坐标。调查活动类型根据休息日主要活动内容将其分为工作和学习、处理个人事务、购物、休闲、看病和其他 5 种类型。

从休息日整体情况来看，居民活动类型的选择更加丰富，活动比例更加

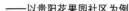

均衡，节奏性减弱。休息日处理个人事务的时间大大增加，工作及学习时间则大幅下降，没有呈现出特别尖锐的峰顶与峰谷。

　　休息日工作和学习活动比例最高的时段是周六的 9∶00—17∶00，没有出现工作日工作和学习活动比例突降的现象，而呈现出缓慢变化曲线的特征。休息日相比于工作日具有更高的可支配性与更多的选择，周六 9∶00—17∶00，除学习与工作外，其他各类型活动（如购物、休闲活动）较丰富，17∶00 以后处理个人事务（主要包括处理个人家务、睡眠、处理私事等）的比例开始大幅上升，周六 21∶00 到周日 7∶00 处理个人事务活动的比例达到顶峰。周日的活动节奏与周六不同，周日工作和学习活动在 9∶00 达到高峰的比例约为 25%，稍低于周六的相应占比。周日购物和休闲活动的高峰主要也出现在白天，购物活动高峰出现在 15∶00，休闲活动高峰出现在 11∶00—13∶00，其后有缓慢的降低。处理个人事务是周日占比最高的活动，白天与晚上的比例均高于周六与工作日。

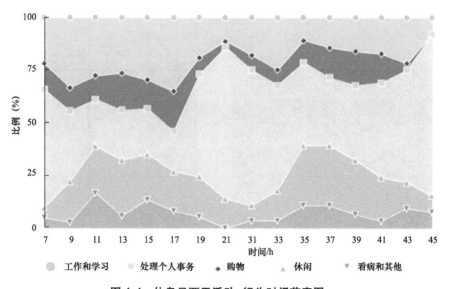

图 4.4　休息日两天活动-行为时间节奏图

4.2.2　居民工作日和休息日空间分布特征及其成因

　　时间地理学在空间上的分析主要建立在对于居民日常行为路径分析的

基础上，路径由个体受各种制约而在时空间中的活动轨迹和停留点所组成，主要分析路径中花果园居民一天活动所产生的空间分布特征和规律及其成因。

1. 居民工作日空间分布特征

从空间日常路径日间差异来看，花果园居民每天都在工作地与家庭所在分区之间移动，且选用的交通工具大部分为固定的，行车路线也受交通方式的约束，其中有31.25%的居民乘坐公交车前往目的地，有22.22%的居民选择乘坐地铁，有18.75%的居民乘坐私家车，有16.67%的居民采用步行的方式，乘坐班车、骑摩托车或电动车以及骑自行车出行的居民较少。通过调查花果园社区居民的工作地点所在街道，大部分居民活动目的地分布在云岩区和花果园社区内部，还有一些居民活动目的地在观山湖区（麒龙商务港和贵州金融城）、经济开发区等，大部分居民居住、生活、工作都在花果园社区内部，如图4.5、图4.6所示。作为一个综合性巨型开放性社区，花园果社区所拥有的综合性功能可满足大部分居民"职住平衡"的要求。

图 4.5　工作日居民目的地（7:00—9:00）

图 4.6　工作日居民目的地（观山湖区）（7:00—9:00）

工作日居民出行活动地点主要沿街分布，居民空间移动频率的分布也与时间方面具有相似处，同样具有两个高峰期，分别为 7:00—9:00 和16:00—
18:00 两个时间段，这两个时间段居民移动经过的空间整体上呈现带状，与
乘坐交通工具的固定路线相重合；而在午休时间会产生较平缓的峰期，时间
段为 12:00—14:00，部分居民会为了处理个人午餐而选择外出，离开之前长
期停留的地点，但 53 个样本中仅有 8 人会选择外出解决个人事务（见图 4.7
和图 4.8 中的 8 个白点），活动范围相比于 9:00—12:00 时间段较为扩大，
但扩大的程度与两个高峰期相比较小；20:00 之后大部分居民会停止一天的
出行活动，其活动范围大大缩小，主要集中在家中或者居住的分区内；在
0:00—5:00 时间段，大部分居民行为只包括处理个人事务（指睡眠）。陪伴
类型的不同也会影响居民对于活动空间的选择，工作日 9:00—12:00 和
14:00—18:00 两个时间段的主要陪伴类型为同事或者同学；午休时间段无人
陪伴占比为 28.62%，由同事或者同学陪伴占比为 56.26%，15.09% 的居民
会选择回家与家人、配偶进餐或者与朋友相约解决午餐。

图 4.7　工作日居民目的地（12:00—14:00）

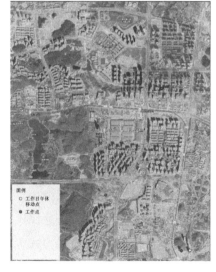

图 4.8　工作日居民目的地（观山湖区）
（12:00—14:00）

在上述简单分析的基础上对居民目的地分布进行标准差椭圆分析。该方
法是以平均中心作为起点对 x 坐标和 y 坐标的标准差进行计算，从而定义椭

圆的轴。椭圆的狭长程度代表了点分布规律性，椭圆越狭长，方向性越明显。在图 4.5 和图 4.7 中，分别将工作日居民在 7：00—9：00 点和 12：00—14：00 两个时间段的标准差用椭圆表示出来，两个椭圆的主方向（长轴）都是朝着南明区内部方向。❶ 一是因为大部分居民的工作点位于南明区，二是预测居民工作目的地可能会向南明区内部发展。两个椭圆的次方向（短轴）都是朝向云岩区，预测向云岩区发展成为了居民的第二选择。两者的椭圆包含区域大部分相重合，两者空间格局相似，也证明了在午休时间进行空间移动的居民人数占少数，不会对整体空间布局产生太大影响。

总体来说，居民工作日空间移动产生的路径呈现为"两极一带"，"两极"指的是固定目的地及其附近、家及其附近，而"一带"为乘坐交通工具到达目的地或家而形成的固定路线，这导致工作日居民活动空间范围较小。但同时陪伴类型的不同会导致居民产生新的空间移动范围以扩大整天的活动范围，虽然影响力受周围固定环境的制约较弱，但在休息日陪伴类型的影响力会大大增强。而居民的工作地点未来趋向于南明区内部和云岩区，主要集中在老城区，同时也能满足老城区大量劳动力的需求。

2. 居民休息日空间分布特征

休息日产生的空间路径较工作日在数量和距离的丰富度上出现了增强和减弱两种极端情况，采用的出行方式种类也是同样的情况。从活动类型看，在 9：00—11：00 时间段，68.75% 的居民选择处理个人事务，这也显示了休息日产生第一次日常出行的时间段较工作日有所推后。居民在 11：00 过后活动范围才会扩大，但约有 31.25% 的居民会选择待在家中处理个人事务，这导致其空间移动范围较工作日缩小。

在出行方式方面，部分居民不再采用单一的出行方式，而是在不同时间段根据情况采用不同的交通方式，在 9：00—11：00 时间段，大部分居民选择步行或者乘坐公交车到达目的地，在目的地及其周边地区的出行方式大多数为步行，19：00 之后的时间段会通过步行或者乘坐公交车回到家中。在陪伴

---

❶ 在标准差椭圆分析中，方向角度为 162.02° 和 159.73°，其标准方向是长轴从顶点开始由正北顺时针旋转上述两个角度，所以得出主轴方向朝向南明区内部，而次轴与主轴垂直。

类型方面,朋友和家人作为陪伴者的概率大大增加,无人陪伴的概率呈现小幅度的升高,而同事或者同学陪伴的概率大大降低,与陪伴者的共同决策导致活动和出行的空间范围增加。

经过基础分析,同样采取椭圆差分析方法进行空间分析。如图 4.9～图 4.12 所示,得出以下几种结论:一是可以明显看出 9:00—11:00 点时间段的狭长程度大于 13:00—15:00 时间段,证明 9:00—11:00 时间段居民活动的方向性更为明显,空间分布也更为集中;二是两者的主方向(长轴)都是朝向南明区❶,所以居民休息日外出目的地选择南明区的趋势很强,在 13:00—15:00 时间段外出到南明区的人数多于其他区域(除花果园社区)也证明了这点;三是两者的次方向都朝向云岩区,表明居民外出地点为云岩区的趋势较强,上述两点也说明了老城区的休闲娱乐设施较为丰富,能够满足居民外出游玩的需求;四是将休息日与工作日相比较,得出休息日的狭长程度都高于工作日,居民活动的方向性更为明显。但主方向和次方向朝向大体一致,这也说明了花果园及其周围的设施能满足居民大部分生活需求。

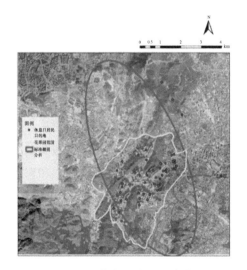

图 4.9　休息日居民目的地
(9:00—11:00)

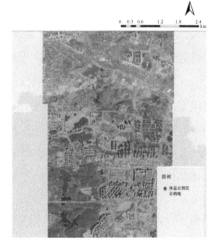

图 4.10　休息日居民目的地(观山湖区)
(9:00—11:00)

---

❶ 标准差椭圆分析长轴从顶点顺时针分别旋转 155.94°和 153.07°,指向为南明区。

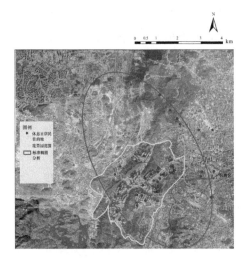

图 4.11　休息日居民目的地　　　图 4.12　休息日居民目的地（观山湖区）
（13:00—15:00）　　　　　　　　　（13:00—15:00）

　　选取休息日中最具有可比性的 9:00—11:00 和 13:00—15:00 两个时间段，将居民的目的地用点表示出来，可以看出一部分居民在休息日会选择外出，但外出时间大多在 11:00 以后，地点大多数会选择老城区的休闲类公园，少数居民会乘车前往距离较远的观山湖公园或白云公园；另一部分居民会选择一直待在家中，专注于处理个人事务。再通过标准差椭圆分析可以看出，居民空间分布较工作日稍微扩散，活动趋势较明显。通过分析，休息日居民空间移动的整体情况呈现出"分散"或者"集中"两种极端的特点，根据所处环境条件的不同而产生不同的决策，从而呈现不同的行为。这些都由居民的主观意识以及现实的客观条件共同作用，由于主观意识的不确定性和客观条件的约束性而导致路径距离的突然增长或者急剧下降。

4.2.3　两者时间和空间分布不同的原因

　　通过对花果园居民工作日和休息日在时间和空间两个方面上产生的不同活动和行为的比较，发现居民时间和空间分布不同的原因主要在于居民对于时间分配的控制能力和对于空间移动范围的决策能力受主观意识与周围环境的共同制约，居民在工作日中受固定活动（主要为工作和学习）的影响而将大部分时间用来完成同一种活动，用来分配其他活动的时间则大大减少。空间移动范围也因固定活动而产生规律性，呈现出"两极一带"的空间分布状态。而休息日则不同，固定活动的影响减弱，居民对于整日时间分配的控制能力增强，可以根据周围环境情况随时做出改变，可以选择的活动和行为的丰富度上升。同时，会存在另一种截然相反的现象，居民在主观意识的主导影响下会选择停留家中，空间移动范围较工作日大大收敛。

通过以上分析，总结得出居民行为主要受主观意识和客观条件的共同影响，当然主观意识是不可预测的，所以将重点分析居民自身的各项经济状况（客观条件）对于决策过程的影响。对此，将利用二分类 Logistic 回归方法进行分析，这是一种针对因变量为二分类的非线性回归统计方法。考虑具有 n 个独立变量的向量 $x = (x_1, x_2, x_3, \cdots, x_n)$，设条件概率 $P(y=1 \mid x)$，P 为根据观测量相对于某事件 x 发生的概率。

Logistic 函数为

$$\text{logit}(P) = \ln\left(\frac{P}{1-P}\right), \quad P = \frac{1}{1+e^{-2}}$$

Logistic 回归模型可以表示为

$$P(y=1 \mid x) = \pi(x) = \frac{1}{1+e^{-g(x)}}$$

其中
$$g(x) = w_0 + w_1 x_1 + \cdots + w_n x_n$$

将休息日作为主要研究时间，以"出行"为二分类的因变量，居民性别、职业、经济状况、陪伴类型（13:00—15:00）、出行方式（9:00—11:00）和出行目的（13:00—15:00）6 个方面作为自变量，通过 SPSS 进行计算得出回归模型。

如表 4.2 所示，通过计算和检验得出总体预测成功率为 83.3%，因为存在主观因素的影响导致预测成功率不是很高，但已经达到了分析的基本要求。然后进行下一步分析，得到"方程中的变量"表（见表 4.3），可建立相关的二分类回归方程：

$$g = -2.819 + 1.557x_1 - 0.555x_2 - 0.628x_3 +$$
$$0.837x_4 + 0.735x_5 + 0.712x_6$$

式中：g 为居民个体出行的概率；x_1 为性别；x_2 为职业；x_3 为经济状况；x_4 为出行目的；x_5 为陪伴类型；x_6 为出行方式。❶

表 4.2　分类表

	已观测		已预测		
			是否出行		百分比校正
			否	是	
步骤 1	是否出行	否	19	6	76.0%
		是	4	31	88.6%
	总计百分比				83.3%

表 4.3　方程中的变量

变量类型	B 值	B 值标准误差	Wals 值	df	$Sig.$	发生比率
性　别	1.557	0.845	3.396	1	0.065	4.746
职　业	−0.555	0.350	2.518	1	0.113	0.574
经济状况	−0.628	0.512	1.504	1	0.220	0.534
出行目的	0.837	0.347	5.813	1	0.016	2.310
陪伴类型	0.735	0.237	9.597	1	0.002	2.086
出行方式	0.712	0.299	5.657	1	0.017	2.037
常　量	−2.819	1.251	5.080	1	0.024	0.060

在表 4.3 中，性别、出行目的、陪伴类型、出行方式的 B 值均为正值，说明这几个方面对于居民选择外出的影响较大，其中将性别作为分类变量，性别对于决策的影响低于其他选项；职业和经济状况的 B 值均为负值，且显著性大于 0.05，说明居民外出决策不太受自身经济情况和职业的影响。

---

❶　上述自变量均有更加详细的分级标准，但因此项内容研究的是主体部分对于出行决策的影响，所以在正文中忽略，详细内容请见附录 C。

4.2.4 跨区域通勤现象

跨区域通勤可进一步分解为内向通勤与外向通勤[22]。内向通勤是指在社区外围居住到社区内部工作、上学、休闲、购物、看病的通勤行为，主要表现为人员流入；外向通勤是指在社区内部居住到社区外围工作、上学、休闲、购物、看病的通勤行为，主要表现为人员流出。结合调研情况与居民出行行为和活动发生情况、空间移动形成的路径发现，花果园社区确实与周围区域存在跨区域通勤现象。其中一种明显现象为部分居民的工作地点在观山湖区内，这是一种外向通勤。在调查的 53 个样本中，有 2 人工作在麒龙商务港及其附近（平均距离约为 6 km，花费时间为 1~1.5 h，出行方式为步行+公交车），有 2 人的工作地点分别在贵州金融城（花费时间为 1.5 h 左右，出行方式为步行+地铁）和经济开发区（距离约为 5 km，花费时间为 1 h 左右，出行方式为步行+公交车）。在工作日，被调查居民在社区内以个人事务、休闲、活动为主，并进行购物、社交；被调查居民在工作所在地以个人事务、工作为主，其他活动偶有发生。

花果园作为一个自带湿地公园与购物中心的巨型开放性社区自然会吸引外部人员前来休闲、购物等，这就形成花果园的内向通勤现象。在关于居民对于花果园不满意方面的调查中，有 69.67% 的居民选择了"外来人员过多，抢占公共资源"这一选项，这说明花果园社区与外部区域联系密切，在休息日会有大量的人员涌入花果园，集中表现在湿地公园与购物中心为社区带来活力。但是如何解决外部人员涌入带来的活力与本地居民所受到的困扰两者之间的问题，需要花果园进一步规划以保持平衡。

形成这两种跨区域通勤模式的原因，一方面是花果园拥有老城区优良的地理位置、优越的交通条件，以及更宜居的自然环境、室内环境与物质条件，吸引了相当一部分人在社区安家居住；另一方面是花果园拥有学习、办公以及大型且内容丰富的购物中心和湿地公园，不仅能够满足社区居民的需求，也可以满足周围地区居民的生活和精神需求。可见，跨区域通勤现象与花果园社区特殊的区域发展背景相关，是贵阳市时空行为的特色现象之一。跨区域通勤也作为花果园（新城）与旧区之间的联系纽带，促进了几个地区之间的文化交流，增强了居民的消费需求，刺激了当地的经济增长，而人员流入带来的劳动力则弥补了城市未来建设缺乏动力的不足。这些方面都可以促进花果园社区未来的发展。

4.3 居民的时空行为和花果园城市空间关系分析

Reichmann 在 Chapin 生存需求活动分类基础上，将居民活动分为维持生计（subsistence）活动、维持生活（maintenance）活动和娱乐休闲（leisure）活动。维持生计活动包括工作等能产生收入的活动，维持生活活动指的是购物消费、看病等个人需求活动，娱乐休闲活动主要包括游玩、聚会等舒适类活动[27,28]。本研究结合居民活动类型，将主要在外活动分为工作、休闲与购物两大类活动。

在此基础上，将花果园中提供给居民工作、休闲与购物的基础设施的经纬度利用爬虫工具进行提取，即提取花果园城市空间中现有的政府机关、企业、商业大厦等工作地，公园、购物中心等休闲娱乐用地，以及基础设施等的兴趣点（POI）；对居民在工作日 7:00—9:00 时间段的目的地、休息日 13:00—15:00 时间段的目的地用谷歌软件进行转换，得到相应的经纬度。对两种经纬度分别用核密度分析法进行分析，得到现有设施分布、居民工作日和休息日不同活动点分布的密度表面并进行绘图。将得到的图形进行比较，总结居民的时空行为与花果园城市空间的关系。核密度分析就是使用核函数根据点或折线要素计算每单位面积的量值，并将各个点或折线拟合为光滑锥状表面，可以用于计算要素在其周围邻域中的密度从而形成聚集，属于非参数检验方法之一。[23]如果 x_1，x_2，$\cdots$，x_n 为独立同分布 F 的 n 个样本点，那么位置 x 的密度强度 $f(x)$ 可以用以下公式计算[17]：

$$f(x) = \frac{1}{nh} \sum_{i=1}^{n} K\left(\frac{x - x_i}{h}\right)$$

式中：$f(x)$ 为位置 x 处的核密度估计值；h 为搜索半径；n 为搜索范围内样本点的总数；$x - x_i$ 为 POI 样本点 x_i 与估计点 x 间的距离；K 为距离的权重。

利用 ArcGIS 10.3 软件进行核密度分析，将设施、目的地的经纬度以表格（xls.）的方式导入 ArcMap，先将要素转为点，对点进行投影转换坐标，最后进行核密度分析，就可以得到花果园设施与居民目的地的密度平面，再加上 ArcScene 的三维立体效果，即可更加直观地观察到各类设施的分布情况，分析其与居民活动目的地范围的交集就可以解读出居民行为与空间的关系。

4.3.1 从工作角度分析两者关系

在工作方面，花果园的企业、商家等工作设施如图 4.13 所示，各个企业主要沿街分布，在社区东部锥体较集中且高，颜色趋向于蓝紫色，可以看出其分布最为密集，中西部由于公共设施占地较大所以较为稀疏；与居民工作日 7：00—9：00 时间段的目的地分布（见图 4.14）相比较，居民主要集中在社区内部、云岩区这两个工作场所密集、劳动力需求量大的地区，而居民在此外区域的工作活动较少。再结合居民的满意度调查，得出交通距离、交通的通达性、通勤花费的时间成为居民选择工作目的地的主要因素，再加上社区内部和周围地区的企业、公司等机构种类繁多、劳动力需求量大，造成了居住区与工作地重合的现象，可以满足居民"职住平衡"的要求。

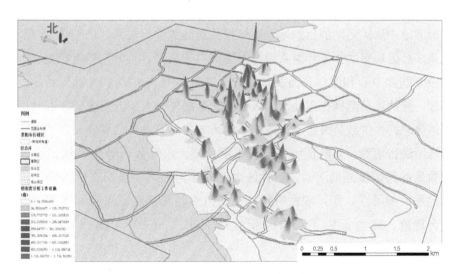

图 4.13　花果园工作设施分布

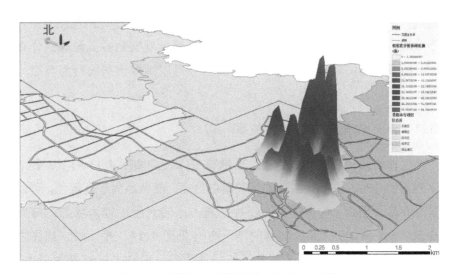

图 4.14　居民工作日目的地（7:00—9:00）

4.3.2　从休闲和购物角度分析两者关系

在休闲与购物方面，工作日的此类活动一般集中于家附近，类型比较单一且持续时间较短，所以重点分析休息日 13:00—15:00 居民活动最为活跃的时间段中居民活动的目的地分布与相关设施的空间关系。如图 4.15 所示，花果园社区现有的休闲和购物设施主要集中于东部，且分布密度极高，具体集中于购物中心和湿地公园及其周边；与图 4.16 中的居民休息日目的地相比较，除休息日选择在家处理个人事务的居民外，大部分居民选择在社区内部消磨时间，少数居民会选择前往其他区域中具有特殊性和专一性的休闲娱乐场所进行消费，如黔灵山公园、花溪公园、白云公园等。虽然出现了一定数量的跨区域通勤活动，但社区内部的休闲和购物设施在综合性上能够满足居民的要求，所以居民行为的空间范围与花果园城市空间存在一定的重合现象，这也证明了花果园新城规划中"一心"[15] 的空间布局比较合理。

总体来说，花果园无论是工作设施还是休闲和娱乐设施都能满足居民的大部分需求。在工作方面，图 4.13 和图 4.14 表现的工作设施分布与居民工作目的地分布在空间范围上有大部分的重合现象，且设施和目的地的集中地

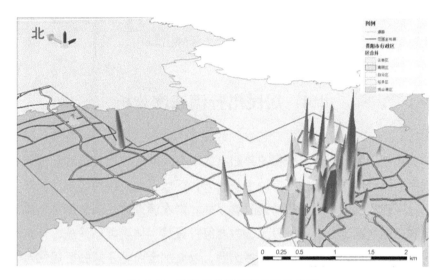

图 4.15 花果园休闲与购物设施分布

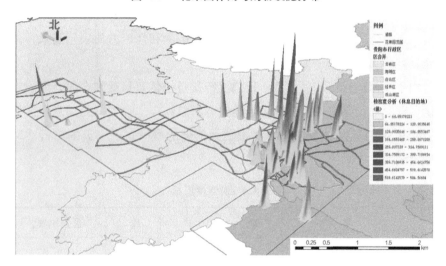

图 4.16 居民休息日目的地（13:00—15:00）

和高值地都集中于花果园社区内部，再加上每一个锥体所占范围较宽广（锥体包含点数较多）证明了花果园工作设施无论是在数量上还是在空间布局上都能够很好地维持居民的基本生计活动；与工作设施空间分布相比，社区内部的休闲和娱乐设施基本能满足居民的生活活动和娱乐休闲活动，其在空间分布上主要集中于湿地公园及购物中心。其种类的丰富度、专一性或者特殊性尚不能满足全部居民的需求，也有可能受居民对于社区设施已经乏味、自身主观意识等因素的影响，所以居民会选择外出。

4.4 居民出行满意度分析

如果把居民行为作为分析花果园社区现有规划到位程度的客观因素，而把居民的满意度作为到位程度的主观因素，可以更加直接地了解居民对于花果园社区现状的满意之处和需要改善之处。本次调查居民满意度主要集中在交通和道路情况、公共基础设施、教育医疗设施、休闲娱乐设施、外来人员情况这 5 个方面，并将其设置为多选题，以更加全面地了解社区居民对于现居环境的满意度。在满意度方面，根据居民对于上述 5 个选项的总体满意度以百分比的形式表现出来，其中 0～19% 为不满意、20%～79% 为一般满意、80%～100% 为非常满意。例如，某居民只在购物和休闲方面表示满意，他的满意度就为 40%，为一般满意。

由于调查过程中居民在工作日的出行质量较休息日更加全面，所以本章筛除了部分居民休息日的满意度。通过分析总体样本数据得到满意程度汇总表（见表 4.4），从该表中可以看出，大部分的居民对于一天的出行活动表示较为满意。

表 4.4　满意度汇总

名　　称	选　　项	个　　数	百分比（%）
您对一天的出行活动的满意程度为	非常满意	24	26.67
	一般满意	54	60
	不满意	12	13.33

然后将上述 5 个细分满意度指标与居民的满意度指标进行多元线性回归分析，利用 SPSS 将上述 5 个指标与满意度的关系式表示出来（见表 4.5）。

表 4.5　模型汇总

模　型	R	R^2	调整 R^2	标准估计的误差（%）
1	0.642	0.412	0.405	16.5398
2	0.774	0.599	0.590	13.7362
3	0.858	0.736	0.727	11.2026
4	0.920	0.847	0.840	8.5751
5	0.995	0.991	0.990	2.1135

　　首先，由表 4.5 可知，模型 5❶ 中 R^2 为 0.991，占总比较高，表示上述
5 个自变量可以反映居民满意度 99% 的变化，证明此次调查内容估计模型对
于观测值的拟合程度较高，能达到此次调查研究的要求。

　　然后，对于模型中被解释变量与所有解释变量之间的线性关系在总体上
是否显著做出推断，此项内容与模型 5 的显著性挂钩。由表 4.6 可知，模型
5 的显著性为 0，说明列入模型的 5 个解释变量联合起来对满意程度变量有
显著影响。

表 4.6　方差分析结果

模　型		平方和	df	均　方	F	$Sig.$
5	回　归	40078.703	5	8015.741	1794.558	0.000
	残　差	370.736	83	4.467		
	总　计	40449.438	88			

　　上述结果证明此模型可以很好地解释 5 个自变量对于满意度的影响很强
烈，可以用作对居民满意度的预测。最后，根据表 4.7 可以将两者之间的关
系用详细的关系式表示出来：

---

　　❶　因采用逐步进入的方法，按照自变量的顺序逐步输入相关变量，例如模型 4 只包括了前 4 个
变量，而模型 5 包括了所有变量。

$$Y = 20.092x_1 + 20.429x_2 + 21.144x_3 + 19.571x_4 + 20.341x_5 - 102.117$$

式中：Y 为总体满意度占比；x_1 为居民对于公共基础设施的满意度；x_2 为居民对于教育医疗设施的满意度；x_3 为居民对于交通和道路情况的满意度；x_4 为居民对于外来人员情况的满意度；x_5 为对于休闲娱乐设施的满意度。❶

表 4.7　居民满意度多元线性回归分析

模　型	非标准化系数		标准系数	t	$Sig.$	共线性统计量	
	B	标准误差	试用版			容　差	VIF
常　量	−102.117	1.778		−57.444	0.000		
公共基础设施	20.092	0.566	0.393	35.514	0.000	0.900	1.111
教育医疗设施	20.429	0.526	0.425	38.868	0.000	0.922	1.084
交通和道路情况	21.144	0.561	0.406	37.682	0.000	0.949	1.053
外来人员情况	19.571	0.512	0.422	38.226	0.000	0.906	1.104
休闲娱乐设施	20.341	0.564	0.391	36.053	0.000	0.939	1.065

将上述 5 个自变量对于居民满意度的影响度从深到浅进行排序，得到交通和道路情况>教育医疗设施>休闲娱乐设施>公共基础设施>外来人员情况，可以发现交通方面对于花果园未来规划是重要部分之一。

经过在满意度方面对于规划未来重点方向进行确定以后，再详细分析社区需要改善的其他方面。从图 4.17 中可以看出，居民不满意之处主要集中在交通和道路情况以及外来人员情况这两个方面，但对于其他方面还是较为满意的，整体上居民对于社区的满意度可以定性为"较好"。

将上述数据与居民对于社区需要改善的建议相结合，可以发现居民平日深受交通堵塞与外来人员过多、侵占自身合理资源的困扰。而公共设施不够

---

❶　上述 5 个解释变量均有更加详细的分级标准，但因此项内容研究的是主体部分对于满意度的影响，所以在正文中忽略，详细内容请见附录 D。

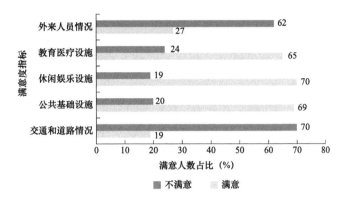

图 4.17　5 个方面满意人数占比

完善和社区配备休闲娱乐设施不够丰富，一方面是因为居民对于更高级生活模式的向往，周围设施的完善速度不能跟上居民需求的成长速度；另一方面也是因为外来人员抢占资源，居民对于自身拥有资源不能达到高级社区所提供最基本资源的不满。居民对于教育和医疗设施的满意度较高，这归功于花果园内部配置的设施与所处的地理位置。花果园作为一个处于老城区中心的巨型社区，其周围的教育和医疗资源已经发育完善，能够满足周围地区居民的基本需求，再加上社区配套的幼儿园、小学、医疗机构等也能够满足居民需求，但社区内部定居人员过多也导致教育、医疗资源分配不均，竞争压力较大。

4.5　结论与讨论

在"以人为本"的规划思想潮流带领下，国内学者将目光转移至如何从微观角度推进城市规划发展，而个体的日常行为和活动可以客观地折射现有规划的长处和短处以及未来规划的努力方向，这为构建中国城市空间与个体日常行为互动的理论模式提供了基础，所以逐渐成为中国人本导向的城市规划与管理转型的重要理论命题。目前，国内居民行为特征研究多集中于东西部一线城市或具有代表性的城市。以贵阳市具有代表性的巨型开放性社区——花果园作为研究区域，以更微观的视角具体研究花果园未来规划的走向，可以更好地作用于其规划和管理。

本章以居民个体为单位，研究其日常活动和交通出行，再根据对于花果园现状的满意度以及改善建议，并结合客观条件和主观意识两方面进行分析，得到以下结论：

（1）花果园居民工作日和休息日的行为特征在时间上略有不同。在时间分配上，休息日具有较高的灵活性，休息日第一次出行的时间比工作日第一次出行时间延迟，到达峰值的时间段也有所推后，同时处理个人事务这项活动大多安排在白天进行；在活动发生频率上，休息日居民活动无论是在种类上还是在持续时间上都比工作日更加丰富，这些都主要取决于居民对于日常时间的控制能力和分配能力。

（2）对于居民日常行为和活动产生的空间移动进行分析，得出工作日空间移动范围比较固定，基本呈现"两极一带"的轨迹；而休息日则出现了"分散"和"集中"两种极端的情况，但两者的空间分布都较为集中，主趋势方向为南明区，次趋势方向为云岩区。

（3）空间移动是居民主观意识与周围环境共同作用的结果。对客观条件进行 Logistic 回归分析后，得到出行方式、出行目的、陪伴类型会对出行决策产生正相关的影响，而经济状况等的影响则不显著。

（4）花果园居民活动主要集聚在社区内部及其周围，内部的基础设施在满足居民基本需求的同时也不断吸引着外来人员，这造成了内向通勤；居民外出工作则形成了外向通勤，两者共同形成特色的跨区域通勤现象。

（5）花果园居民的城市行为活力在空间分布上呈现出社区中心地区单核心高度集聚、边缘分区和周围城区低值多核心空间分布的特征，且休息日行为活力涉及范围在空间分布上更加广泛，花果园内部已有设施基本能够满足居民的生活需求。

（6）以居民的主观意识为主（即满意度调查）分析现有规划的短板，得出居民对于交通和道路情况以及外来人员情况两方面的不满，其中交通状况在很大程度上决定了居民的满意情况。

为了平衡居民与花果园的关系，现提出以下建议：

（1）改善花果园整体和各分区交通空间合理度，提升车辆通行及停放效率，从而疏通居民的交通出行，改善交通状况。例如，H 北区的社区入口位于公园中路右侧，与公交车专用车道相冲突，造成了高峰期的交通拥堵。未来规划时应尽量避免将社区开口设置在主要干道一侧，所以建议将社区主入口调整到位于社区右侧的花果园大街，实行人车分流。

（2）加大花果园巨型社区内部公共交通投入，以社区公交路线多、车辆行驶效率高、安排班次灵活、车载人数适中、车辆内部环境舒适为原则，解决巨型社区各功能区步行距离远、小汽车出行堵的问题。

（3）提高花果园社区出行高峰行驶效率及安全。因花果园巨型社区也有较明显的出行高峰期，建议在高峰期灵活调整红绿灯等待时长，增派交警、社区管理人员及志愿者，对电动车、自行车及摩托车等在高峰时段的行驶路线与停放规定做出相应优化及规范，既包容多元出行方式，也保证交通安全。

（4）优化步行环境及空间，创造更多适宜儿童、老人、孕妇、伤残等的步行出行条件，增加无障碍出行设施，建设更多布袋花园，提高居民出行幸福感。

（5）在管理层面，加强对于居住区的安全管理，对于进入居住区的人口与车辆进行大数据智能化管理，增强花果园社区文化的传播与建设，促进居民之间的交流，增加社区认同感与归属感。

通过对居民行为特征的刻画，本研究尝试解读花果园社区居民的日常生活方式、发掘花果园居民时空行为研究的特色问题；重点讨论花果园居民行为基本特征和形成原因，对于抽象的社区文化和自然环境给居民行为和活动造成的影响并未详细说明；同时，研究中发现，花果园社区作为一个连接老城区和新城区的集商务、居住、休闲于一体的巨型综合性现代社区，存在大量社区内部就业现象，花果园社区提供了大量第三产业就业及创业机会，同时也因其优越的区位条件存在频繁跨区域通勤的特殊现象，但本章只做出了现状解析以及存在原因的探讨，跨区域通勤对于未来城市规划该发挥怎样的作用并未详细分析。花果园社区位于新城区观山湖区与老城区南明区及云岩区的中间地带，若规划和管理得当，则可增加贵阳市新老城区各类型要素相互流动，促进区域一体化；同时，也因其占地面积大，居住人口多，若规划与管理不当，可能进一步加剧堵塞概率，深化区域割据。

本章参考文献

[1] 柴彦威，李昌霞. 中国城市老年人日常购物行为的空间特征：以北京、深圳和上海为例 [J]. 地理学报，2005，60（3）：401-408.

[2] 孙樱，陈田，韩英. 北京市区老年人口休闲行为的时空特征初探 [J]. 地理研究，2001，20（5）：537-546.

[3] 柴彦威，沈洁. 基于活动分析法的人类空间行为研究 [J]. 地理科学，2008，28（5）：594-600.

[4] 柴彦威，沈洁. 基于居民移动-活动行为的城市空间研究 [J]. 人文地理，2006，21（5）：108-112，54.

[5] 柴彦威，翁桂兰，刘志林. 中国城市女性居民行为空间研究的女性主义视角 [J]. 人文地理，2003，18（4）：1-4.

[6] 马雯蕊，柴彦威. 就业郊区化背景下就业郊区者日常活动时空特征研究：以北京市上地地区为例 [J]. 地域研究与开发，2017，36（1）：66-71.

[7] 黄潇婷. 基于 GPS 与日志调查的旅游者时空行为数据质量对比 [J]. 旅游学刊，2014，29（3）：100-106.

[8] 许晓霞，柴彦威. 北京居民日常休闲行为的性别差异 [J]. 人文地理，2012，27（1）：22-28.

[9] 柴彦威，申悦，马修军，等. 北京居民活动与出行行为时空数据采集与管理 [J]. 地理研究，2013，32（3）：441-451.

[10] 柴彦威，谭一洺. 中国西部城市居民时空间行为特征研究：以西宁市为例 [J]. 人文地理，2017，32（4）：37-44.

[11] 谭一洺，柴彦威，王小梅. 时间地理学视角下西宁城市回族居民时空间行为分析 [J]. 地域研究与开发，2017，36（5）：164-168，174.

[12] 李蕾. 贵阳花果园新城生态规划与设计解析 [J]. 建筑学报，2011（s1）：28-33.

[13] 柴彦威，端木一博. 时间地理学视角下城市规划的时间问题 [J]. 城市建筑，2016

(16)：21-24.

[14] 张文佳，柴彦威. 时空制约下的城市居民活动—移动系统:活动分析法的理论和模型进展 [J]. 国际城市规划，2009，24 (4)：60-68.

[15] 柴彦威，刘志林，李峥嵘，等. 中国城市的时空间结构 [M]. 北京：北京大学出版社，2002：9-30.

[16] 柴彦威，王恩宙. 时间地理学的基本概念与表示方法 [J]. 经济地理，1997，17 (3)：55-61.

[17] 舒天衡，任一田，申立银，等. 大型城市消费活力的空间异质性及其驱动因素研究：以成都市为例 [J]. 城市发展研究，2020，27 (1)：16-21.

[18] ArcGis Pro. 空间分析（标准差椭圆）：帮助丨ArcGis for Desktop [EB/OL]. [2020-03-20]. [2020-03-28]. https：//pro. arcgis. com/zh-cn/pro-app/tool-reference/spatial-statistics/directional-distribution. htm.

[19] 孙智君，张雅晴. 中国高技术制造业集聚水平的时空演变特征：基于空间统计标准差椭圆方法的实证研究 [J]. 科技进步与对策，2018，35 (9)：54-58.

[20] 刘新争，任太增. 农民工回流意愿的影响因素与农民工分流机制的构建：基于二分类 Logistic 模型的实证分析 [J]. 学术研究，2017 (7)：95-102，178.

[21] 陆莹. 卫生服务供方可及性对农村居民健康影响的实证分析：基于二分类 Logistic 回归模型 [J]. 保定学院学报，2019，32 (3)：33-38.

[22] 高会，谭莉梅，刘鹏，等. 基于二分类 Logistic 回归模型的太行山丘陵区县域耕地资源潜力估算 [J]. 中国生态农业学报，2017，25 (4)：490-497.

[23] 韩春萌，刘慧平，张洋华，等. 基于核密度函数的多尺度北京市休闲农业空间分布分析 [J]. 农业工程学报，2019，35 (6)：271-278.

[24] 王鹤超，徐浩. 基于 POI 及核密度分析的上海城乡交错带分布研究 [J]. 上海交通大学学报（农业科学版），2019，37 (1)：1-5，18.

[25] ArcGis Pro. 核密度分析：帮助丨ArcGis for Desktop [EB/OL]. [2020-03-20]. [2020-03-28]. https：//pro. arcgis. com/zh-cn/pro-app/tool-reference/spatial-analyst/kernel-density. htm.

[26] 何小芊，刘宇，李超男. 古村落游客满意度感知特征分析：基于婺源县江湾与李坑的比较 [J]. 东华理工大学学报（社会科学版），2019，38 (4)：336-342.

[27] GOLOB T F, MCNALLY M G. A model of activity participation and travel interactions

between household heads ［J］. Transportation Research Part B：Methodological，1997，
31（3）：177-194.

［28］CHAPIN F S. Human Activity Patterns in the City：Things People Do in Time and in Space
［M］. New York：John Wiley & Sons，1974.

第 5 章

巨型开放性社区的居民通勤行为调查
——以贵阳花果园社区为例

通勤是工业化社会和城市化的必然现象，随着职住分离现象的产生，人们的通勤方式主要从步行转换为依靠各类型通勤工具。通勤行为就是指居民从居住地到工作地空间上移动的现象。

随着城市化进程的快速推进，人口和产业持续向大城市集聚，城市内部空间结构随之发生调整，时代的变迁使得人们的生活水平不断提高，随之出现的公交、地铁、轻轨、出租车、共享单车、共享汽车、共享电动车等交通工具，使人们的出行方式趋于多元化，加之道路体系规划和管理的更新，使得我国城市交通问题备受关注。贵阳市交通通达性有待改善，尤其是在早晚交通高峰时段，拥堵的状况大大降低了居民的出勤效率。因此，梳理通勤距离、通勤方式和通勤时间三者之间的相互影响关系，可以为解决城市空间问题提供一定的依据。

有许多学者研究不同住宅类型与通勤行为的关系。其中，张艳、柴彦威基于统计分析和 GIS 相结合的方法，从通勤行为视角反映出北京是内部城市形态的空间结构，并解释了不同居住类型形成了人们的不同通勤特征[1]。

北京天通苑和望京是两大典型的居住区，孟斌等人对其居民通勤行为进行了对比研究，得出大型居住区通勤问题中的共性，即通勤时间较长，提出了大型居住区的功能定位、区位、道路体系所存在的差异及早晚上下班时间段通勤方式的选择和通勤流向差异对通勤行为的影响。采用随机抽样、空间抽样的调查方法，同时借助 ArcGIS 空间分析软件进行通勤流和缓冲区分析，反映了职住分离和交通拥堵等问题。北京天通苑和望京地理位置相似且功能相似却又具有差异性，是两大职能不同的居住区，数据分析可以很好地反映两居住区的优势和不足并提出改进参考[2]。

为了缓解城市中心由于过度集聚带来的人口和经济压力，新郊区城市不断建设，其中城市的性质、就业保障能力、生活能力、行业地位之间的关系，以及与主要城市之间的距离，都是影响居民通勤的主要因素。杨卡揭示了新城的结构与功能影响通勤空间的分布，以及主城与新城之间的相互作用在通勤行为中起到的作用[3]。郊区城市的兴起使新城具有不同的空间职能，居民的通勤方式和通勤时间因受到新城职能与规划的影响，表现出与主城区不同的特征。这一研究也解释了城市化现象所带来的居民通勤的变化和特征。从居住区类型研究居民通勤行为的影响来看，其得出的结

论都趋向于职住空间分离才是根本上导致通勤行为具有差异性的原因。国内其他学者也从职住分离对通勤方式的影响这一视角进行了研究。

刘志林和王茂军分析了就业可达性与收入对通勤时间的影响，揭示了低收入等弱势群体在城市职住关系结构变化中受到的制约。其研究意义主要在于揭示中国职住空间结构错位对通勤行为的影响，并与美国职住通勤问题进行了比较[4]。

姚永玲主要从不同受教育水平、不同年龄段、不同职业人群三个方面阐述了北京市职住空间不匹配下的居民通勤情况[5]。而这些解释都可以归纳为城市演化的特征和结果。该作者引用了空间不匹配概念，对导致空间不匹配的原因做了一定的解释。其研究方法主要通过特定目标和自愿原则进行抽样调查，同时运用空间计算距离通过 GIS 进行地理标注，结合 GIS 的各种功能进行空间分析。韩会然、杨成凤以北京都市圈为研究案例，运用核密度估计法和 Ripley's $K(d)$ 函数分析了北京都市圈土地利用空间格局的分布特征和凝聚力，以及对居民通勤行为的影响[6]。杨寓棋等人分析了香港地区跨行政边界、跨自然边界下的居民通勤模式，提出了在人口密度极高、土地利用集聚下提高通勤质量的措施[7]。

鲜于建川等人通过对出行时间与出行方式选择的研究分析，得出通勤出行方式对出行时间选择有显著影响，建立了离散型选择模型和线性回归模型，对出行方式和出行时间的选择进行了深入分析，并认为通勤者的个人属性是影响通勤行为的主要因素[8]。

在居民通勤弹性的研究中，申悦等人提出了时间弹性、空间弹性、方式弹性、路径弹性四种通勤弹性之间的关系[9]。其优点是数据获取的准确度更高，通过 GPS 精准定位系统，可以更加准确地获得居民每天的通勤地，客观因素对数据的影响小于主观因素的影响；缺点是数据获取难度大，受移动基站和信号影响获得的数据不完整。

孙斌栋等人采用多变量的回归方法分析居民的通勤行为，着重描述通勤时耗影响居民身心健康问题和产生的一系列负面效应[10]。刘定惠借鉴国外土地利用分散程度与通勤关系的三角模型的定性分析和过剩通勤理论定量分析对居民的通勤行为进行研究[11]。在研究北京都市圈内居民通勤行为时，王晟由等人通过构建 Nested Logit 模型进行分析，并提出了优化出行的措施[12]。

此外，宋顺锋等人基于随机效用理论的 Multinomal Logit 模型分析天津市的居民通勤特征，同时提出了改善建议[13]。

张雪、柴彦威利用结构方程模型分析了通勤距离、通勤方式、通勤时间之间的关系，并对西宁 3 种类型的居住区选取 14 个特定社区进行问卷调查，调查了居住区类型及个人社会经济属性对通勤行为的影响。本章得出的结论可总结为：①通勤交通方式的选择和通勤时间的长短受通勤距离的影响；②在个人社会经济属性不变的前提下，居民的通勤行为与居住区的类型有关；③个人社会经济属性对居民通勤行为产生影响[14]。

杨励雅等人研究了交叉巢式 Logit 模型，该模型共同选择了居住地、出行方式、出发时间，这三者对于弄清土地使用与通勤行为之间的关系以及制定和评估运输需求管理政策至关重要[15]。

杨敏等人运用了 Logistic 方法研究工作者通勤出行活动中的 4 种典型出行模式，即 HWH+、HW+WH、HWHWH 和 HWH 模式［其中 H 表示居住地点，W 表示工作地点，+表示其他，HWH+活动模型表示上班或下班途中有其他停留，HW+WH 表示工作中外出（不含回家）并返回单位，HWHWH表示工作中回家并返回单位，HWH 表示简单工作模式无停留］，并对个体特征等方面的影响因素做出阐述[16]。

周素红等人分析典型街区居民微观行为空间感知与土地利用的关系时得出结论：行程的发生和空间分布、出行方式的选择等与街区位置、街区土地组成、发展阶段和居民组成都有一定关系[17]。

研究贵阳花果园巨型社区居民的通勤行为非常重要，以往研究表明巨型社区容易造成职住分离、交通拥堵等现象及问题。那么增加商业及办公等功能的花果园巨型社区的通勤状况如何呢？由于贵阳花果园巨型社区容纳大量人口，其流动是否通畅、是否存在职住分离现象等都是判断贵阳花果园社区是否宜居的重要依据。

5.1　研究数据与研究方法

研究居民的通勤行为非常重要。通常我们认为，通勤出行具有一定的时间量和一系列的活动，并且其时间安排对居民参与其他活动以及确定与之相关的出行方式具有一定的影响。由于职住不平衡，通勤方式比较多样化。而且由于通勤者的通勤出行几乎是同时发生的（即在高峰时段），因此高峰时段城市交通容易发生严重拥堵。为了减轻交通拥堵并提高出行质量，我们从居民出行调查开始，分析居民的个人属性、社会经济属性和通勤出行的特征，并提出适当的出行需求管理策略，希望达到缓解交通堵塞、提高出行效率的目的。

在阅读花果园相关学术文献[18-20]及现场实地考察后，对花果园巨型社区居民通勤行为进行了问卷设计（见附录 E），数据来源于团队对花果园社区居民的网络问卷调查，调查内容分为个人属性和经济属性，包括受访者的性别、年龄、职业、个人月收入、文化程度、住房产权等信息。本次网络问卷历时一个多月，浏览量 400 余次，有效填写问卷 263 份，填写率 65.75%。该问卷针对受访者的居住和工作情况，为了方便在空间上体现通勤者的通勤特征，问卷问题包含了通勤地点，方便在地图上做标注。

本章通过对花果园社区居民通勤行为的网络问卷调查得到数据，利用地理信息系统对花果园社区居民通勤特征进行空间上的分析，采用交叉分析的方法对居民主要通勤行为特征进行统计分析，得出不同年龄段在通勤距离、通勤时间以及交通工具选择上的差异，便于分析原因。利用平均得分的方法计算居民对出行方式的选择占比，其计算公式为平均综合得分 =（∑ 频数×权值）／本题填写人次，有利于我们对交通工具使用频率的高低进行综合性评估。此外，构建结构方程模型说明年龄对出行工具选择影响因素具有差异性。

5.2　居民通勤的基本特征分析

5.2.1　样本状况

如表 5.1 所示，收集的问卷数量为 263 份，其中，男性 138 人，占 52.47%；女性 125 人，占 47.53%；20 ~ 39 岁的样本数为 203 人，占 77.18%；大专以上学历样本占 77.57%。在适龄就业人口的工资调查中，月收入占比最高的区间范围是 3000~4999 元，其次是 5000~9999 元。

表5.1 样本状况

属　性		样本数/人	占比（%）
性　别	男	138	52.47
	女	125	47.53
年　龄	20 岁以下	10	3.80
	20~29 岁	101	38.40
	30~39 岁	102	38.78
	40~59 岁	40	15.21
	60 岁及以上	10	3.80
学　历	高中及以下	59	22.43
	大专或本科	169	64.26
	硕士及以上	35	13.31

注：表中分项占比之和约为 100%，是由于数值修约误差所致。

5.2.2 居民总体通勤特征分析

出行方式满意度调查问卷中将居民的满意度分为满意和不满意两类，满意又分为非常满意和比较满意，不满意划分为比较不满意和非常不满意。调查统计显示，52%的居民对自己的通勤方式比较满意，持非常满意和比较不满意态度的各占样本比例约 20%，有非常少的一部分居民对自己的出行方式非常不满意，男性和女性在满意度方面比例几乎相同。调查显示，居民对出行方式不满意的原因主要有两点，即等车时间过长和交通拥堵。

表 5.2 清晰地反映出各职业人群对交通工具的使用频率，通过分析花果园巨型社区不同职业受访者的通勤方式可以发现（见表 5.2 及图 5.1），不同职业所选择的交通工具差异较大，离退休人员/待业人员、普通职员、学生等人群使用频率最高的交通工具是公共交通。受访离退休人员/待业人员几乎都选择公共交通作为出行方式，可能由于他们的生活节奏相对较慢，出行时间通常会错过高峰期；此外，贵阳市及花果园巨型社区内部的公共交通比较完善，选择这一出行方式较为便捷，也可节约通勤成本。国家公务员、企事业单位高管人员、教师科研人员、商人/个体户、医务人员使用频率最高的交通工具是小汽车或出租车。

表 5.2　不同职业的通勤方式占比

职业类型	通勤方式占比（%）			
	步行或 自行车	公交车、地铁 或通勤车	电动车或 摩托车	小汽车或 出租车
国家公务员	0	12.50	0	87.50
企事业单位高管人员	0	12.50	0	87.50
医务人员	18.18	36.36	0	45.45
商人/个体户	14.29	14.29	0	71.43
教师科研人员	0	0	16.67	83.33
自由职业者	50.00	12.50	12.50	25.00
离退休人员/待业人员	0	100.00	0	0
普通职员	13.33	40.00	20.00	26.67
学　生	37.50	37.50	12.50	12.50
其　他	0	66.67	0	33.33

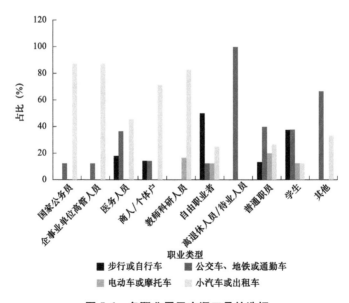

图 5.1　各职业居民交通工具的选择

从图 5.2 可以看出，早晨通勤频率较高的时间段是 7:30—7:59，其次通勤频率较高的时间段是 7：00—7：29，这也可以解释早高峰造成的交通拥堵。花果园社区是集住宅与办公区域于一体的大型城市综合体，拥有学校、商场、公园、酒店、餐饮休闲娱乐等场所，道路的纵横交错便于临街店铺营业发展，提供了许多就业岗位，部分社区居民就在居住区周边就业。在调查中发现，居民的通勤距离超过 7~10 km 的人数最多，主要集中在云岩区和南明区两个区域。在行政区域的划分上，花果园社区隶属南明区，但随着花果园规模的不断扩建，部分区域已经超过了南明区范围，延伸至云岩区南面。花果园社区的居民通勤地点如图 5.3 所示，以环城高速为边界，遍及

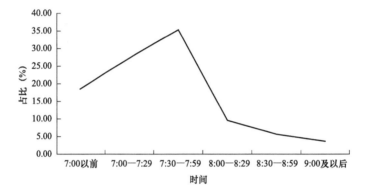

图 5.2　早通勤时间

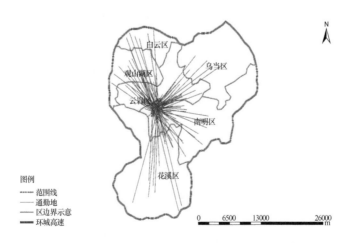

图 5.3　通勤地点分布示意

白云区、乌当区、观山湖区、花溪区这四个主要城区的部分区域以及南明区和云岩区的所有区域，通勤点从内而外扩散开来，呈分散状，有的区域显示为空白是由于贵阳的城市建设受到地形的影响，绕过山脉而选择平坦地带。南明区和云岩区作为主要中心城区，成为主要的通勤地点。

通勤距离与通勤方式的选择具有相关性（见表 5.3），在 2 km 以内的短距离通勤范围，受访者选择步行或自行车的比例最高，占 63.16%，其次为电动车、摩托车、小汽车等，这一通勤区域落在花果园社区内及其邻近的区域内。通勤距离在 2~7 km 的受访者使用频率最高的通勤方式是小汽车或出租车，公交车、地铁或通勤车的使用频率次之。通勤距离超过 7~10 km 的受访者与通勤距离在 2~7 km 的受访者相比，其选用小汽车或出租车出行的频率更高。而通勤距离超过 10~20 km 的受访者使用公交车、地铁或通勤车的比例最高。通勤距离在 20 km 以外，有 80% 的受访者使用小汽车或出租车出行，有 20% 的受访者使用公交车、地铁或通勤车出行。由于电动车或摩托车的安全系数最低，缺少专门的停车位，选用这一交通工具通勤的受访者较少。

表 5.3　通勤距离与通勤方式的选择之间的相关性

通勤距离	通勤方式占比（%）			
	步行或自行车	公交车、地铁或通勤车	电动车或摩托车	小汽车或出租车
2 km 以内	63.16	5.26	15.79	15.79
2~7 km	0	42.86	4.76	52.38
超过 7~10 km	0	29.63	7.41	62.96
超过 10~20 km	0	66.67	0	33.33
20 km 以外	0	20	0	80

5.2.3　通勤模式相关分析

活动模式分析的对象不是单趟出行，而是一天中一系列有序的活动按照先后顺序依次连接起来形成的活动链，活动链中既包含主要活动也包含次要活动或临时停留。在通勤者通勤出行活动模式中，通勤者一天的主要活动为工作，工作之外的弹性活动称为次要活动，也称为停留。[19]因此，本通勤模式在问卷调查时设计了多选选项。

在图 5.4 中，H 表示居住地点，W 表示工作地点，+表示其他活动。HW表示从居住地点到工作地点；HW+表示从居住地点到工作地点，并在途中有停留（如接送小孩、购物等）；WH 表示从工作地点到居住地点；WH+表示从工作地点回到居住地点，并在途中有停留（如娱乐等）。如图 5.4 所示，女性的 HW 通勤模式占比少于男性，其他通勤模式占比均高于男性，说明男性倾向于选择简单的 HW 模式，而女性的通勤模式则相对复杂。这种差异的存在主要是不同性别有不同的社会分工，女性比男性承担了更多的家庭责任，除日常的工作通勤外，可能会在中途进行购物、接送小孩等维持型活动，以满足家庭生活的需要。

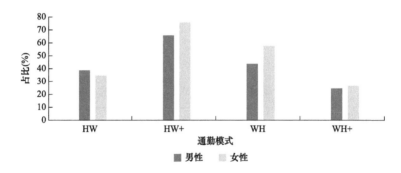

图 5.4　性别对通勤活动模式选择的影响分析

5.2.4　住房产权与通勤距离特征分析

从问卷数据来分析，个人属性和经济属性对通勤时间、通勤距离和通勤方式这三个方面有一定的影响，但线性关系不明显，可能受更复杂网络系统影响。受访者中年轻人较多，部分个人月收入为中下水平，但其家庭住房产权为购房状态，家庭也拥有小汽车，并且在受访者中发现接近80%的居民拥有驾照，说明居住在花果园社区的受访者很多人拥有小汽车或有拥有小汽车的意愿。同时也说明在贵阳这种贵州省省会城市，居住在花果园巨型社区的年轻人原生家庭完成原始积累的不在少数。这种对小汽车产权拥有及拥有意愿强烈的现状与其通勤满意程度这一栏中不满的原因是交通拥堵、小汽车过多造成的困惑与矛盾，也是由于花果园巨型社区所需要通过智慧及技术亟待解决的问题，否则可能导致具有购买力及潜力的年轻人口流失。

如图5.5所示，分析同一通勤距离内不同住房产权的居民比例，租房者存在"两头高"的特征，即通勤距离在2 km以内的租房者比例明显高于购房者的比例，在2 km以内的工作者中，租房比例约是购房比例的3倍，对于租房的上班族来说，在保证居住质量和经济支撑的条件下，居住地点和工作单位的距离很重要，不仅可以步行上班，节省时间，也节约了交通费用；通勤距离在20 km以外的租房者比例大约是购房者的2倍，不过因为受访者中通勤距离在20 km以外的人群较少，可能存在样本代表性误差。而在通勤距离为2~7 km、超过7~10 km、超过10~20 km的受访者中，购房者所占比例更高。

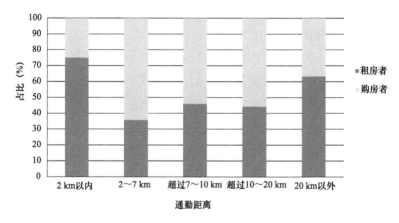

图5.5 租房者及购房者通勤距离占比

总体来说，如图5.6所示，无论是租房者还是购房者，受访居民通勤距离超过7~10 km的最多，通勤距离在20 km以外的受访者最少。此外，在租房者中，通勤距离占比依次为2 km以内、2~7 km、超过10~20 km；在购房者中，通勤距离占比依次为2~7 km、超过10~20 km、2 km以内。

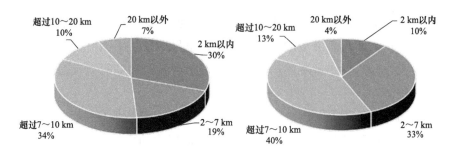

(a) 租房者通勤距离比例　　　　　　　(b) 购房者通勤距离比例

图 5.6　住房产权与居民通勤距离

5.3　通勤影响因素分析

5.3.1　交通工具特征分析

1. 步行交通特征

步行是出行方式的一种，是采用"点对点"出行的交通方式，由于需要消耗人的体力，所以行程距离不宜过长，服务范围限制在 1.5 km 以内。此外，步行交通也作为一种辅助的出行方式，例如居住地点到公交站之间的路程或者公交车站到目的地的路程，就可通过步行交通方式来实现。步行交通的优点在于绿色环保、通达性高、占地面积小、安全，同时还可作为健身的一种方式，有益身心健康；其缺点是容易受到自然状况的制约。行程长短决定了步行交通的选择。

2. 自行车交通特征

自行车交通出行方式对自然因素和人为因素的要求较高，适用于地形平坦、交通规划较好的区域，还要满足行程时间短、停放方便等条件。在贵阳这个山地城市中，地理因素极大地限制了居民对自行车的使用，因此平时利用自行车出行的人员较少。自行车交通的优点是成本低、生态环保、占地面积小，同时可促进身体健康；其缺点是危险系数较高，受地形与气候等条件的限制。

3. 摩托车、电动车交通特征

摩托车、电动车的使用频率在大城市中也是比较高的。摩托车、电动车的优点是体积小、灵活度高、对人的体力消耗较小，几乎不受地形因素的影响；其缺点也比较明显，因为其本身的体积小，因而常常穿梭于交通路面，干扰道路行车秩序，导致交通事故频频发生。

4. 家用汽车交通特征

家用汽车交通同步行交通一样，都是"点对点"出行，目的性强，其优点是出行效率高、通达性强、舒适度高、灵活封闭、方便快捷。但其缺点也不容忽视，人均运输成本最高，能源耗量最多，环保性较差，占用道路面积大。而且，随着社会的不断进步，家用汽车的使用率越来越高，并且其数量仍在增加，在大城市或交通规划较差的区域经常造成交通拥堵问题。

5. 传统公共交通特征

传统公共交通的主要特点是运输量大、人均成本低、人均资源消耗低、环境保护好。公交路线规划更加灵活，具有较高通达性，从而可以提供更好的"点对点"出行服务。但是传统公共交通也存在明显的缺点，例如行驶速度较慢、运行时间较长、每人得到的空间较小、守时性和舒适性较差。目前，传统公共交通仍然是城市交通系统中最重要的部分[21]。

6. BRT 交通特征

贵阳市是我国较早开设 BRT 交通的城市，遵循"1 环+N 射线"的模式建设，让居民的出行更加方便快捷。BRT 交通相对于传统公共交通而言，最大的优势在于快，车型的选择上也比传统公共交通的性能更高、排放量更少、出行更环保。其站台宽敞明亮，能抵御恶劣天气。但是，如果想充分利用 BRT 交通的优势，则应使用足够的道路空间划分专用的 BRT 车道。这就需要压缩其他车道的车道宽度，对其他交通工具的运营效率有很大影响。

7. 轨道交通特征

因为特殊的喀斯特地貌特征，贵阳修建轨道交通难度较大，除资金投入大和修建时间长外，还需要克服地形的影响。地铁 1 号线的建设于 2009 年 9 月 29 日开始，所有主要结构于 2016 年 7 月 1 日完成，经历了整整七年的时间，到 2019 年 12 月 28 日才全线通车。地铁 2 号线也于 2021 年 4 月 28 日通车，经过花果园巨型社区的地铁 3 号线目前仍在建设中。轨道交通的优点是地上占用土地资源少，对城市割裂影响小、载客多、运行快、准时率高、舒适性好、安全系数高等。

5.3.2 个人属性对通勤行为的影响

在研究个人属性对通勤行为的影响时，分别设计了性别、年龄、学历、有无驾照等问题。经调查发现，受访者中性别、学历、有无驾照这三项因素对交通工具的选择影响较小，年龄对交通工具的选择差异明显。通过研究可知，年龄对电动车和摩托车这一出行工具的选择具有差异性。

图 5.7 体现了各年龄段对交通工具的选择情况，可以看出 20~59 岁的人群对交通工具的选择更具多样性，其他年龄层次对交通工具的选择相对单一。

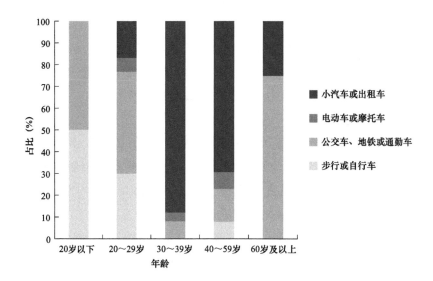

图 5.7　不同年龄对交通工具的选择

在表 5.4 中，x 是自变量，y 是因变量，Factor1 代表年龄，Factor2 代表公交车、地铁或通勤车，Factor3 代表电动车或摩托车，Factor4 代表步行或自行车，Factor5 代表小汽车或出租车。由此可知，①从 Factor1 对于 Factor2

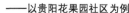

的影响判断，受访者年龄与受访者选择公交车、地铁或通勤车作为交通工具并没有呈现出显著性（$z=-0.514$，$p=0.607>0.05$），因而说明年龄的增长并不会增加其使用公交车、地铁或通勤车的频率。此外，Factor1 对于 Factor4 的影响（$z=-1.848$，$p=0.065>0.05$）以及 Factor1 对于 Factor5 的影响（$z=-1.160$，$p=0.246>0.05$）均未呈现出显著性。②通过 Factor1 对于 Factor3 的影响判断年龄对于受访者选择电动车或摩托车出行的影响，标准化路径系数值为$-0.385<0$，并且此路径呈现出 0.01 水平的显著性（$z=-2.950$，$p=0.003<0.01$），因而说明年龄会对电动车或摩托车的使用产生显著的负向影响关系。

表 5.4 年龄与交通工具的选择模型回归系数汇总

x	y	非标准化路径系数	z	SE	p	标准化路径系数
Factor1	Factor2	-0.120	-0.514	0.233	0.607	-0.073
Factor1	Factor3	-0.839	-2.950	0.284	0.003	-0.385
Factor1	Factor4	-0.635	-1.848	0.344	0.065	-0.253
Factor1	Factor5	-0.426	-1.160	0.367	0.246	-0.162

摩托车或电动车对人和环境的要求相对较高，而 60 岁及以上人群的身体灵活度低于年轻人，加上贵阳是山地城市，交通工具的选择也会受地形因素影响；此外，花果园密集的人流和车流使得摩托车或电动车的出行具有一定的考验。因而，在被调查的老年受访者中几乎没有选择摩托车或电动车作为出行方式。

5.3.3 家庭属性对通勤行为的影响

在西方研究中，家庭属性对通勤行为的影响较大，单身人群偏向于居住在市中心公寓，通勤时间较短；有家庭的人群偏向于居住在郊区别墅，通勤时间较长。但是中国城市结构与西方城市结构具有不同特征，且人们的通勤行为和居住习惯与西方可能也存在差异。花果园巨型社区也属于不同家庭属性居民混居，既有单身家庭，也有核心家庭，还有传统大家庭。在本次对贵阳花果园巨型社区家庭属性对通勤时间和通勤距离的关系研究中发现，花果园巨型社区居民的家庭结构对通勤距离以及通勤时间影响不大，对通勤行为模式有一定影响。

如表 5.5 所示，家庭结构对通勤距离并没有呈现出显著性（$z = 0.574$，$p = 0.566 > 0.05$），因而说明家庭结构与通勤距离不存在明显的线性关系。如表 5.6 所示，家庭结构对通勤时间也没有呈现出显著性（$z = -0.436$，$p = 0.663 > 0.05$），故无明显的线性关系。

表 5.5　家庭结构与通勤距离模型回归系数汇总

x	y	非标准化路径系数	SE	z	p	标准化路径系数
家庭结构	通勤距离	0.153	0.266	0.574	0.566	0.081

表 5.6　家庭结构与通勤时间模型回归系数汇总

x	y	非标准化路径系数	SE	z	p	标准化路径系数
家庭结构	通勤时间	−0.128	0.293	−0.436	0.663	−0.062

运用结构方程模型 SEM 分析家庭中是否有 6 岁以下儿童对通勤距离的影响时得到，此路径并没有呈现出显著性（$z = 1.901$，$p = 0.057 > 0.05$），分析通勤方式时同样没有呈现显著性（$z = 1.428$，$p = 0.153 > 0.05$）。

由此可知，在贵阳花园果巨型社区内部，家庭结构可能对通勤时间、通勤距离、通勤方式有一定的影响，但分析得到的影响关系并不呈线性关系，不能满足相关分析的所有条件。

就本次调查数据而言，利用 SPSS 数据分析软件对家庭中有无子女与通勤模式进行分析时发现，家庭结构与通勤时间之间并无明显相关关系和影响关系（见表 5.6）。但是从图 5.8 中可以看出，有子女家庭的通勤模式更倾向于 HW+模式和 WH 模式，无子女家庭的通勤模式表现得相对均衡。这一现象可以说明，有子女的家庭需要承担更大的责任，在时间选择上没有或少有无子女家庭自由，因而出现了通勤模式上的差异。

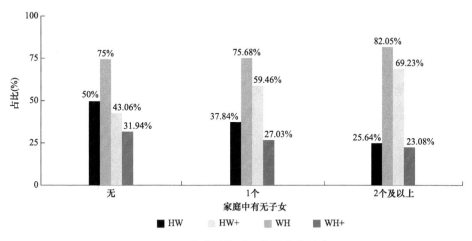

图 5.8　家庭属性对通勤模式的影响

5.3.4　经济属性对通勤行为的影响

影响居民通勤行为的因素很多，经济属性是其中一个重要因素。侯学英、吴巩胜主要针对昆明市城市低收入群体，基于城市地理学和社会学相结合的视角，提出了在城市空间分异和空间结构重组背景下的通勤行为特征、内部差异及其影响因素，研究结果对帮助弱势群体改善自身困境具有一定的意义[22]。

若城市出现空间分异现象，收入对居民的通勤行为影响较大。一般来说，居民有一定的选择通勤行为的能力，高收入者有能力承担长途通勤的费用，通勤距离较长。收入对低收入居民的通勤行为产生一定制约影响[22]。不同社区居民的通勤工具选择差异较大，居民经济属性差异是通勤行为差异的重要因素[23]。城市社会空间结构综合影响改变了居民的通勤行为[24]。特别是国外不同社区居民的社会经济地位差异反映了城市社会空间分化的客观存在，不同社区居民通勤行为的差异反映了不同层次的城市两极分化特征[25]。居民出行方式与居住区位互为制约，人口的高度集聚会加剧城市的交通压力和治理难度[26]。

如图 5.9 所示，月收入 5000 元以下的租房者数量高于购房者数量。同时也要注意到，月收入 5000 元以下的购房者数据也不低，特别是月收入 3000 元以下者，仍有部分受访者属于购房者，可能原因有两个：①因花果园巨型社区属于城中村更新改造项目，存在一定比例的花果园拆迁户，有现金补偿以及住房置换；②花果园巨型社区吸引大量年轻人入住，受访者中年轻人也较多，其收入水平整体不算太高，但贵阳花果园巨型社区的房价并不是很高，可能存在家庭资助买房情况。月收入 5000 元及以上的购房者数量高于租房者数量，特别是当月收入突破 1 万元时，购房者数量急剧增加。

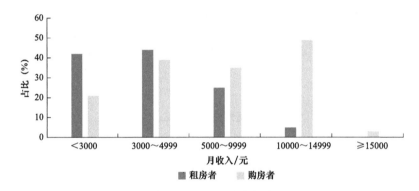

图 5.9 月收入对住房产权的影响

在分析年龄和住房产权的关系时，使用相关性分析研究年龄与住房产权之间的相关关系，使用 Pearson 相关系数显示相关性的强度。如表 5.7 所示，根据具体分析，年龄和住房产权之间的相关系数值为 -0.205，并且 $p = 0.154 > 0.05$，说明受访者的年龄和住房产权之间并没有明显的相关性。

表 5.7 年龄与住房产权的相关性分析

（Pearson 相关）

	年 龄
住房产权	-0.205

如图 5.10 所示，总体来说，个人月收入（设计的问卷是个人月收入，不代表家庭状况）和小汽车拥有量成正比关系，个人月收入越高，小汽车的拥有量也就越多。但这也不是绝对的，例如在 3000 元以下的受访者中，拥

有一辆小汽车的占比达 51.16%，还有 11.63% 居民拥有两辆汽车，此比例比个人月收入为 3000~4999 元的受访者拥有汽车数量更高。可见，在花果园巨型社区城中村更新项目的原住居民获得现金补偿的背景下，可能产生经济属性的复杂性。

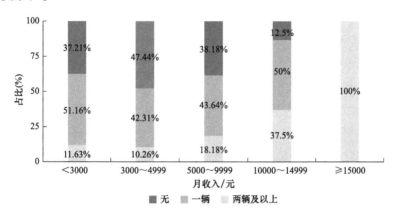

图 5.10　月收入与汽车拥有量的关系

　　如表 5.8 所示，根据问卷数据来看，花果园巨型社区居民的月收入与通勤方式的相关性几乎可以忽略不计，通勤方式为小汽车或出租车与月收入相关系数值为 0.233，同时 $p>0.05$，意味着将小汽车或出租车作为通勤方式与月收入之间没有相关关系。通勤方式为步行或自行车与月收入之间相关系数值为 0.271，同时 $p>0.05$，意味着将步行或自行车作为通勤方式与月收入之间没有相关关系。而月收入与公交车、地铁、通勤车、电动车或摩托车等通勤方式也仅表现出弱相关。

表 5.8　月收入和通勤方式的相关分析

（Pearson 相关）

	通勤方式			
	公交车、地铁或通勤车	电动车或摩托车	小汽车或出租车	步行或自行车
月收入	0.282[①]	0.350[①]	0.233	0.271

① $p<0.05$。

　　在对居民的经济收入与通勤距离做相关分析时，得到以下结论：月收入和居住地点到工作地点的距离之间的相关系数值为 0.118，接近于 0，并且 $p=0.415>0.05$（见表 5.9），因而说明月收入和居住地点到工作地点的距离之间并没有相关关系。

表 5.9 月收入对通勤距离的影响分析

（Pearson 相关）

		月收入
居住地到工作地点的距离	相关系数	0.118
	p 值	0.415

从上述居民经济属性与通勤时间、通勤方式相互关系等研究发现花果园巨型开放性社区通勤行为较为复杂，其通勤出行方式可能受到了很多因素的影响，如花果园巨型开放性社区存在社区内就业比例、公共交通负担通勤、花果园社区区位条件，此外可能还有社区交通现状、通勤距离、交通工具舒适型、花果园功能分区等的影响，影响因素较为复杂，同时也可以看出花果园巨型开放性社区与其他郊区巨型社区的区别。

5.4 结论与讨论

通勤是工业化社会的必然现象，指的是从居住地点往返工作地点的这一过程。随着经济的发展，人们的通勤方式发生了巨大改变，从以前步行上班到现在利用各种各样的交通工具，交通工具的选择与通勤效率和人们的切身感受息息相关。从本章的数据分析来看，主要得到了以下结论。

由于本研究涉及通勤距离、时间、地点，部分受访者可能有隐私顾虑，导致有效问卷数量为 200 多份，问卷有效率为 65.75%，通过问卷得出的结果可能存在一定的样本偏差。

总体来说，花果园巨型社区通勤使用频率最高的为公交车、地铁或通勤车等公共交通工具；不同职业、不同年龄、不同性别的通勤方式有较大差异，男性通勤模式较为简单直接，女性在通勤路上往往伴随其他活动（如接送小孩以及购物等）；不同的家庭模式影响通勤模式，对通勤时间和通勤距离的影响为非线性关系；不同收入对住房产权及汽车产权均有影响，但对通勤时间与通勤方式影响为非线性关系。花果园早高峰最拥堵时间为 7:30—7:59，主要集中在云岩区和南明区。花果园居民通勤距离超过 7~10 km 的人数最多。不同的通勤距离对通勤方式的选择影响较大，通勤距离在 2 km 以内，选择步行或自行车的人数最多；通勤距离在 2~10 km，选择小汽车或出租车出行的人数最多；通勤距离超过 10~20 km，选择公交车、地铁或通勤车出行的人数最多；通勤距离在 20 km 以外，选择小汽车或出租车出行的人数最多。租房者的通勤距离在 2 km 以内以及 20 km 以外的比例高于购房者。

　　本章主要采用了相关分析模型对数据进行分析，通过分析结果发现，影响花果园社区受访者通勤行为各要素之间线性关系不明显，花果园巨型社区通勤行为可能是一个复杂网络系统，需要进一步分析研究。在绘制花果园社区居民通勤地理图时，试图在 91 卫星上标注出居民通勤点的大概位置，但是由于问卷得到的地名范围较广，便在作图时结合距离得到大概的示意图，同时以环城高速为边界，超出区域忽略，勾勒出各区域与环城高速相交的部分并作为通勤范围，所有的点均落在该范围内。这一做法并不能十分准确地得到居民的通勤地点，希望以后能够更好地进行改进。

　　花果园社区交通存在的问题：居民最直观的感受是交通拥堵，尤其是在早晚高峰期时段；此外还存在路边设摊摆点，路边有小商贩占据一定的道路面积，使得行人出行不便、车辆避让；车辆乱停乱放，路面停车不规范也是导致交通拥堵的原因之一，有些车辆违停，扰乱交通秩序；摩托车、电动车不守交规，因为非机动车占地面积小，所以时常穿梭在各种拥挤道路之间，不仅加剧道路拥堵，更是增加了交通事故发生的风险；行人不守交通规则、乱穿马路、闯红灯，闯红灯不仅会对自身安全造成威胁，还扰乱交通秩序。

　　花果园社区通勤优化规划：花果园社区按照公共交通优先外加高速公路通道的原则进行交通规划，创建城市铁路系统、城市公交系统、BRT 系统、城市道路系统、行人慢行系统、地下交通系统等，作为一个综合的运输系统。

　　（1）道路等级：选取分散式的交通管理模型和清晰的道路等级，以此来疏散交通。花果园道路等级可分为三类，即组团级道路、居住区级道路和居住区快速路，道路等级满足了内外联系。

（2）TOD 模式：花果园采用以公共交通为依托的 TOD 模式作为交通组织基础，对外交通线路以居住区快速路为主，在标志性建筑、广场、商业服务设施等设置公交车站，方便人们出行。

（3）人车分流系统：主要采用平面分流和立体交通相结合的方式，例如在平面上设置了各类专用车道，如公交车专用车道、封闭的机动车专用车道、自行车专用车道和步行道等，各类交通工具可以井然有序行驶并各行其道。而立体交通主要是通过搭建人行天桥，利用天桥和建筑物结合，让人行天桥与步行系统有机衔接，从而构建出完整的出行系统，避免行人乱穿马路并减少不必要的行程。

目前，花果园地区规划设置 3 个地铁车站（松花路车站、花果园东车站和花果园西车站。从 2019 年 4 月中旬起，3 号线花果园西站的建设已正式开始）、2 个城市公交枢纽、3 个公交车站、3 个 BRT 站；建设 12 条（6 条水平和 6 条垂直）市政高速公路，总里程长达 31.7 km；计划修建 8 条隧道、17 座桥梁。该系统基于优先考虑公共交通的原则，通过人车分流来完善道路通行能力。

本章参考文献

[1] 张艳，柴彦威．基于居住区比较的北京城市通勤研究 [J]．地理研究，2009，28（5）：1327-1340.

[2] 孟斌，于慧丽，郑丽敏．北京大型居住区居民通勤行为对比研究：以望京居住区和天通苑居住区为例 [J]．地理研究，2012，31（11）：2069-2079.

[3] 杨卡．大都市郊区新城通勤行为空间研究：以南京市为例 [J]．城市发展研究，2010，17（2）：42-46.

[4] 刘志林，王茂军．北京市职住空间错位对居民通勤行为的影响分析：基于就业可达性与通勤时间的讨论 [J]．地理学报，2011，66（4）：457-467.

[5] 姚永玲．不同人群职居分离及通勤行为调查：以北京市为例 [J]．城市问题，2010（7）：28-32.

[6] 韩会然，杨成凤．北京都市区居住与产业用地空间格局演化及其对居民通勤行为的影响 [J]．经济地理，2019，39（5）：65-75.

[7] 杨寓棋，周澳，肖青奕，等．基于职住分离视角下的香港非常规通勤模式研究 [J]．河北工程大学学报（社会科学版），2018，35（4）：40-42.

[8] 鲜于建川，隽志才，朱泰英. 通勤出行时间与方式选择 [J]. 上海交通大学学报，
　　 2013，47 （10）：1601-1605.

[9] 申悦，柴彦威. 基于 GPS 数据的城市居民通勤弹性研究：以北京市郊区巨型社区为
　　 例 [J]. 地理学报，2012，67 （6）：733-744.

[10] 孙斌栋，吴江洁，尹春，等. 通勤时耗对居民健康的影响：来自中国家庭追踪调查
　　 的证据 [J]. 城市发展研究，2019，26 （3）：59-64.

[11] 刘定惠. 城市空间结构对居民通勤行为的影响研究：以成都市和兰州市为例 [J].
　　 世界地理研究，2015，24 （4）：78-84，93.

[12] 王晟由，王倩，邵春福，等. 都市圈通勤出行行为特性分析与建模 [J]. 交通运输
　　 系统工程与信息，2019，19 （5）：35-41.

[13] 宋顺锋，姚敏，王振坡. 我国城市居民通勤特征与通勤方式选择行为研究：基于天
　　 津市的微观调查数据 [J]. 城市发展研究，2018，25 （7）：115-124.

[14] 张雪，柴彦威. 基于结构方程模型的西宁城市居民通勤行为及其影响因素 [J]. 地
　　 理研究，2018，37 （11）：2331-2343.

[15] 杨励雅，李霞，邵春福. 居住地、出行方式与出发时间联合选择的交叉巢式 Logit
　　 模型 [J]. 同济大学学报（自然科学版），2012，40 （11）：1647-1653.

[16] 杨敏，王炜，陈学武，等. 工作者通勤出行活动模式的选择行为 [J]. 西南交通大
　　 学学报，2009，44 （2）：274-279.

[17] 周素红，闫小培. 基于居民通勤行为分析的城市空间解读：以广州市典型街区为案
　　 例 [J]. 地理学报，2006 （2）：179-189.

[18] 中国产业经济信息网. "亚洲超级大盘"吸引人口流入　助力贵阳"逆袭"GDP 排
　　 行榜 [EB/OL]. （2018-04-28）[2020-04-28]. http://www.cinic.org.cn/hy/zh/
　　 432493.html.

[19] 李蕾. 紧凑生态型新城规划中的"缝合"策略：贵阳花果园新城规划设计解析
　　 [J]. 规划师，2011，27 （5）：56-62，68.

[20] 李蕾. 贵阳花果园新城生态规划与设计解析 [J]. 建筑学报，2011 （S1）：28-33.

[21] 潘冬. 工作者通勤出行方式选择研究 [D]. 重庆：重庆交通大学，2016.

[22] 侯学英，吴巩胜. 低收入住区居民通勤行为特征及影响因素：昆明市案例分析
　　 [J]. 城市规划，2019，43 （3）：104-111.

[23] 贾晓朋，孟斌，张媛媛. 北京市不同社区居民通勤行为分析 [J]. 地域研究与开发，
　　 2015，34 （1）：55-59，70.

[24] CLARK W A V, BURT J E. The Impact of Workplace on Residential Relocation [J].

Annals of the Association of American Geographers，1980，70（1）：59-66.

［25］SOHN J. Are Commuting Patterns a Good Indicator of Urban Spatial Structure? ［J］. Journal of Transport Geography，2005，13（4）：306-317.

［26］熊竞，马祖琦，冯苏苇 . 伦敦居民就业通勤行为研究 ［J］. 城市问题，2013（1）：92-97.

第 6 章

巨型开放性社区老年人休闲行为时空特征
——以贵阳小车河城市湿地公园为例

随着社会经济的不断发展以及医疗水平的不断提高，我国人口老龄化问题逐渐凸显[1]。城市生态公园作为"城市绿洲"，是人们日常生活和休闲活动的主要场所，它对老年人尤为重要[2]。随着老龄化人口急速增加，如何提高老年人生活质量成为中国社会发展进程中日益突出且亟须解决的问题[3]。因而加大对老年人休闲活动的关注成为解决老龄化社会问题的关键举措，同时也是实现社会经济健康可持续发展、营造良好社会休闲氛围的关键契机[4]。有学者从老年人休闲满意度[5-7]等入手探究老年人休闲的限制因素，以探求提高老年人休闲质量的路径。也有学者基于网络分析法[8]、空间类型视角[9]、系统动力学方法[10]等对老年人休闲空间进行评价研究，并指出优化方法。此外，北京市[11]、成都市[12]、沈阳市[13]等发达城市是老年人休闲活动研究关注的焦点。现阶段，对老年人休闲行为的研究已积累了一定成果，但鲜有学者探究城市地域小尺度范围内老年人休闲活动的时空特征，尤其是针对城市生态公园的老年人休闲活动时空特征的研究尚不多见。

贵阳市是我国生态文明建设的典范城市，且是"多彩贵州"的形象窗口。依托丰富的自然资源和独特的气候条件，贵阳市城市公园成为老年人休闲活动的理想场所。为适应老龄化的发展、切实完善社会公共设施、提高城市老年人的生活质量，本章以小车河城市湿地公园为例，实地探究老年人在城市生态公园的休闲行为的时空特征，以期为城市老年人生活服务及公共基础设施改善提供科学参考，同时也为城市老年人休闲空间建设提供可靠依据。

小车河城市湿地公园是花果园城市更新项目的重要市政配套项目，实行"政府主导、市场运作、企业投资、社会参与、免费开放"的模式。小车河城市湿地公园于2012年4月正式开工建设，历时5个多月，于2012年9月29日建成，并面向广大市民免费开放，是花果园巨型社区重要的休闲活动场所，也是社区老人重要的健身社交活动场所。老年人作为特殊群体，其休闲活动的时空行为也展示出特殊的特征。城市生态空间是老年人游憩的主要场所，在其空间内部，建成环境中的活动场地设计、道路设计、植物配置、景观元素、设施配置、主体感知、小气候舒适度等条件综合作用，对老年人的时空行为有重要的影响。大量研究已经证实，优质的建成环境对老年人的生理和心理健康会产生积极效应。老年人群是城市生态空间的重要参与者，研究老年人的时空行为特征，对完善和丰富城市生态游憩空间具有重要的参考价值和实践意义。

6.1 研究数据与研究方法

6.1.1 研究区概况

小车河城市湿地公园位于贵阳市南明区，毗邻花果园社区，如图 6.1 所示。我国明代地理学家、旅行家徐霞客在《徐霞客游记》中就曾提到小车河："……五里，有溪自西谷来，东注入南大溪；有石梁跨其上，曰太子桥。此桥谓因建文帝得名，然何以'太子'云也？桥下水涌流两崖石间，冲突甚急，南来大溪所不及也。"

图 6.1 花果园社区与小车河城市湿地公园相对位置

小车河城市湿地公园位于南明河上游，公园内的建筑大多依山傍水，较大程度上保留了原有的风貌，充分发挥了生态多样性的优势，突出了海拔高差的植被特色，彰显了良好的河谷生态，重点建设了主体景观、湿地保护区、儿童游乐区、溶洞景观区、康体休闲区、综合服务区等。此外，小车河城市湿地公园还打造了"落樱飞雪""碧栖云霞""木兰林语"等 13 个景点。公园内还修建了一级园路（小车河路），主要用于观光车和后勤车通行；二级园路是小车河路的支路，主要是通往各个景点的道路；三级园路主要是步行通道，用于游客的散步、跑步等。

6.1.2　数据来源

本研究进行了为期一个月的调查（2021 年 12 月 1 日至 31 日），调查对象为进入小车河城市湿地公园休闲的老年人。调查期间共发放 GPS 设备 200 台，通过对 GPS 数据进行分析评价，剔除了位置偏移、行程较短的轨迹，得到有效数据 195 份，数据有效率为 97.5%。在 GPS 数据中，最长运动轨迹为 12.049 km，最短运动轨迹为 1.108 km，平均运动轨迹为 3.792 km。

6.1.3　研究方法

1. GPS 数据获取方法

在小车河城市湿地公园中，征得老年人同意后再对老年人进行 GPS 设备发放和问卷信息填写。调查者必须全程携带 GPS 设备，在游玩结束后归还设备。将 GPS 设备设置为间隔 5 s 记录一次时空信息［包括时间、空间（经纬度）、步行速度等］，对公园中老年人群的时空行为进行实时追踪记录。同时，利用问卷收集了老年人的基本信息和社会属性。基于 GPS 设备调查法和传统问卷调查法的信息互补，获取的信息更为完整和准确。

2. 数据统计分析法

利用 Excel 软件对问卷收集的社会经济属性数据进行相应的归类、对比等统计分析，同时采用 SPSS 软件的 K 类中心聚类法分析小车河城市湿地公园老年人群的时空行为模式，并采用二元 Logit 离散选择分析模型对老年人行为模式的成因和影响因素进行深入分析。

3. GIS 空间分析法

基于 ArcGIS 10.5 地理信息系统软件平台，通过平台上的空间密度分析、核密度估计等分析工具，对老年人群的游玩锻炼轨迹、公园道路网络、公园景点、社会网络分析模型等空间数据进行了可视化，为老年人群时空行为的分析提供了基础参考数据。

GPS 数据的时空路径分析方法采用的是 ArcGIS 软件的时空路径追踪分析功能，从时间和空间两个维度来表达受访者移动行为轨迹点的连续变化，便于清晰解析每条轨迹的基本时空特征，从多视角对时空特征进行集成化分析，进而精确解析个体行为空间与地理空间的联系。

6.1.4　典型案例数据

如前所述，GPS 设备每隔 5s 对受访者的位置进行一次定位，同时记录受访者所在位置的经纬度、定位时间、瞬时速度、方向等信息（见表6.1）。如果受访者的经纬度数据没有较为明显的改变，则表明其在此位置有停留行为。通过 ArcGIS 软件的时空路径追踪分析可得到受访者的行为轨迹（见图6.2）。每位老年人的时空行为不相同，其 GPS 轨迹表达的可视化时空路径图也不相同。

表 6.1　典型样本 GPS 数据示例

样本编号	经　度	纬　度	定位时间	速度/（km/h）	方　向
T210117111948	106°40062E	26°33018N	10：18：31	5.661	204°
	106°40061E	26°33019N	10：18：36	4.498	131°
	106°40061E	26°33016N	10：18：41	4.562	161°
	106°40058E	26°33014N	10：18：46	4.493	140°
	…	…	…	…	…

注：GPS 的方位角是以正北作为 0°，正东为 90°，正南为 180°，正西为 270°。

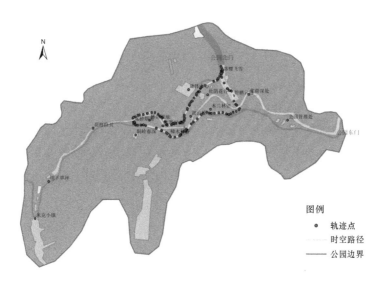

图例
● 轨迹点
------ 时空路径
—— 公园边界

图 6.2　典型样本时空行为轨迹示例

6.2 老年人休闲活动时空行为分析

6.2.1 老年人休闲活动概述

小车河城市湿地公园占地较大，且有较多景点，设有小车河路和慢行步道。有的老年人行动不便，就会选择乘坐公园的游览观光车进行游览，而喜欢运动、身体条件允许的老年人会选择步行和健走等方式。老年人的活动属性主要是根据老年人自身的情况而定，受身体条件和个人爱好等因素影响。

通过 GPS 轨迹数据及实地调查发现，大多数老年人来公园游玩主要是进行康体健身（散步、打太极拳、游泳、打陀螺等）、休闲娱乐（拍照摄影、唱歌）、社会交往（聊天）等活动。根据活动发生时老年人身体是否发生大幅度的空间位移，我们把这些活动分为动态活动和静态活动；根据活动参与人数，又可将其分为集体式活动和个人式活动。这些活动都是研究老年人时空行为特征的基础。由于很多老年人都是小车河城市湿地公园附近的居民，所以有的老年人几乎每天都会到该公园进行锻炼等活动。小车河城市湿地公园有东门和北门两个出入口，其中北门为主出入口，东门为次出入口，因此北门的人流也就最多，从北门进出的人数占到了调查者的 69%，北广场也是大多数老年人的主要活动场所，他们会选择在此休息、跳广场舞、聊天等。风雨桥位于沿河观光步道和公园的中间位置，且有较好的休憩设施，是理想的休息场所，许多老年人会选择在此聊天或补充体力后再继续游园活动。由于老年人的行动受身体因素限制，风雨桥也是许多老年人游玩的返回点。总体来说，老年人的游玩活动距离不长，但是活动时间较长，且活动模式较其他人群也更为丰富。

6.2.2 老年人休闲行为时间特征

1. 老年人休闲时长及时段分析

根据实地调查与 GPS 数据情况，本研究以小时为单位来衡量老年人游览

的时间长短，分为 1 小时（0~1 小时）、2 小时（超过 1~2 小时）、3 小时
（超过 2~3 小时）和 3 小时以上（超过 3 小时）；以上午（8:00—12:00）、
中午（12:00—14:00）和下午（14:00—18:00）来描述游览时间段。

大多数老年人的休闲时间在 2 小时以内，其中浏览时间在 1 小时的老年
人占 24.59%，浏览时间在 2 小时的老年人占 52.46%；而浏览时间在 3 小时
游及 3 小时以上的老年人较少，其中游览时间在 3 小时的老年人占 13.11%，
浏览时间在 3 小时以上的老年人占 9.84%。选择在上午出游的老年人占比较
高，为 50.82%；选择中午和下午出游的老年人占比较低，分别仅为 29.51%
和 19.67%（见图 6.3）。

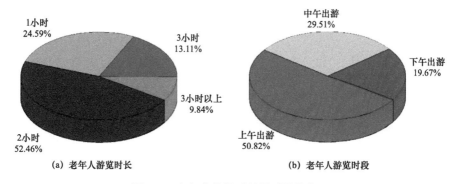

（a）老年人游览时长　　　　　　　　　（b）老年人游览时段

图 6.3　老年人休闲时长及时段分布

2. 老年人进出公园的时间分布

根据采集的 GPS 数据以及实地调查得知（见图 6.4），老年人的入园时
间、离园时间以及游览时间大有规律可循。入园时间有三个相对高峰期，第
一个为上午 10:00 左右，为一天中入园人数最多的时段，其后入园人数逐渐
缓慢下降，直到 13:00 左右，迎来第二个次高峰，此后入园人数依然缓慢下
降，到 15:00 左右，第三个相对较弱的高峰期到来，此后入园人数持续下降
直至 18:00 闭园。离园时间总体来说也有三个相对高峰期，第一个高峰期为
11:00 左右，是一天中的离园次高峰期，第二个高峰期为 12:00 左右，是一
天中离园最高峰，离园人数远大于入园人数，在 13:00 左右入园人数略高于
离园人数后，14:00 迎来了第三个离园高峰期，此后离园人数一直高于入园
人数。出现入园高峰和离园高峰的原因主要受老年人生活作息规律和自身身

体条件的影响。经过数据统计分析发现，80%以上的老年人在小车河城市湿地公园中的游览时间都不超过3个小时，因此不能以半日、全天来描述游览时间的长短。

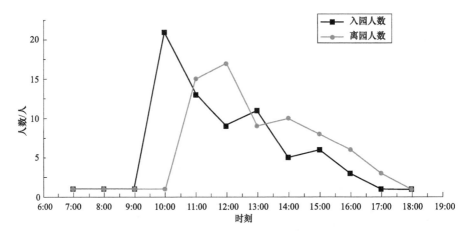

图 6.4　老年人日进出园时段

6.2.3　城市生态公园老年人休闲行为空间特征

时空路径是在 (x，y，t) 三维空间中的一条轨迹，对时空路径的三维可视化有助于用户交互式探测时空行为数据及其规律。在 GIS 的三维可视化模型中，t 坐标一般表示时间，实现轨迹的时空显示。得益于地理信息技术的快速发展，采用 GIS 技术对地理数据进行可视化分析和处理已经成为很多学者的共同选择。调查个体的时空路径可以从时间和空间两个维度表达移动行为轨迹点的连续变化。柴彦威等人采用 GIS 空间分析和移动位置服务等新技术，分析了北京居民工作日和休息日的活动时空路径。本章基于在小车河城市湿地公园调研采集的老年人时空行为 GPS 追踪轨迹数据，采用时空路径的概念和 GIS 空间分析技术实现老年人行为时空路径的可视化表达。将 GPS 轨迹数据进行时空路径可视化，不仅能有效地帮助研究者更好地理解轨迹信息的意义，更能进一步对 GPS 数据挖掘提供了测量视角。核密度分析作为 GIS 分析中运用较为广泛的空间分析方法，主要用于直观表达离散数据的空间连续表达。核密度分析通过区域内的离散点要素计算生成一个连续的密度表面，从而直观展示整个区域内点的集聚状况。核密度计算的原理是以每个离散点格网为中心，通过设定半径的圆搜索并计算其余格网要素的密度值。

将采集得到的 GPS 轨迹点进行核密度分析得到图 6.5，同时对轨迹线也进行了核密度分析并得到图 6.6，可以发现老年人在小车河城市湿地公园中的空间分布存在明显的"冷热"区，总体呈现"中间热，两边冷"的情况，公园中部由于景点集中、公共设施完善而成为老年人游览频次最高的区域，尤其是位于核心节点的"碧栖云霞"。而公园的西部由于景点分散、离公园出入口较远等因素从而较难吸引老年人。此外，我们发现北广场（"碧栖云霞"所在地）是整个公园中核密度最大的区域，由于其位于公园的核心节点，人们可以由此去往公园的其他任何区域，且这里比较开阔，有较好的公共服务设施，适合老年人进行大部分的活动。

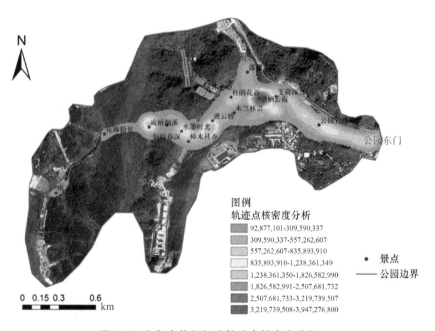

图6.5　老年人休闲行为轨迹点核密度分析

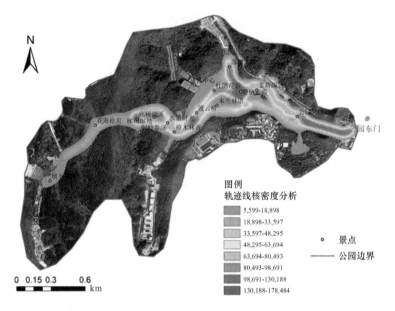

图6.6 老年人休闲行为轨迹线核密度分析

　　根据老年人休闲行为轨迹点分析得到，公园北门与南门附近以及沿公园主干道的景点比较受老年人的欢迎，且老年人在"碧栖云霞""落樱飞雪""木兰林语""樟木林香""水墨时光"区域的停留时间较长，其次为"廊桥烟溪""花海拾贝"。这些区域的轨迹点多且核密度大，可以判断老年人在此区域停留的时间较长。我们把老年人停留的原因总结为三种类型：① 景色优美区，集中连片且沿河分布，老年人因拍照欣赏在此类型区域停留时间均较长；② 停留休憩区，老年人在公园游玩一段时间后体力下降，会选择景色优美或有公共座椅、公共厕所、便利店等服务设施的地方停靠休息；③ 交通节点，老年人在公园道路交叉口通常会面临路径选择，同时交通节点也是人流汇聚的地方，老年人会在此稍作停留，但停留时间较前两类稍短。

6.3　城市生态公园老年人休闲行为模式

　　行为模式的研究核心主要包括移动速度、速度的稳定性、持续时间和行程距离等指标。通过对 GPS 轨迹数据中与行为模式特征相关的指标和所经过的景点进行统计，利用 SPSS 的 K 均值聚类分析工具对老年人的时空行为模式进行深入分析，从而进行行为模式分类。K 均值聚类分析是一种典型的基于距离的聚类算法。采用距离作为相似性评价指标，即两个物体之间的距离越近，相似性就越大。该算法认为聚类是由彼此接近的对象组成的，因此获得紧凑和独立的聚类是最终目标。

按照"时间行为特征+空间行为特征"的原则，主要从入园时间、离园时间（时间段选择）和游览时间（时间长短）以及经过的空间要素（景点）进行分析，同时基于 K 均值聚类分析结果的 5 种类型[14]（见表 6.2），本研究将老年人时空行为模式分成 3 类，即上午型、中午型和下午型。

表 6.2　老年人休闲行为的 K 均值聚类分析结果

聚类要素	聚类类型	一	二	三	四	五
	样本比例	26.7%	4.4%	28.9%	13.3%	26.7%
时间要素	开始时间	11:24	15:45	10:41	14:29	12:53
	设备回收时间	12:46	17:03	11:56	16:10	14:42
	游览时间/h	1.4	1.3	1.3	1.6	1.8
空间要素	落樱飞雪	1	0	1	0	1
	木兰林语	1	1	1	1	1
	渡云桥	0	0	0	0	0
	杜鹃花谷	1	1	1	1	1
	樟木林香	1	1	1	1	1
	水墨时光	0	0	0	0	0
	梯田湿地	0	0	0	0	0
	廊桥烟溪	1	1	1	1	0
	侗岭春深	0	0	0	0	0
	花海拾贝	0	0	0	0	0
	米克小镇	0	0	0	0	0
	芰荷深处	0	1	0	0	0
	康体中心	0	0	0	0	0
	碧栖云霞	1	1	1	1	1
	公园管理处	0	1	0	1	0
到访景点数量		6	7	6	6	5

1. 上午型行为模式

上午型（聚类类型一、类型三）行为模式的老年人游览时间段主要集中在 8:00—12:00，游览时长约为 1.3 小时。在此期间，老年人到访了"落樱飞雪""木兰林语""碧栖云霞"等主要景点（见图 6.7）。这两种类型样本的老年人在"碧栖云霞"这个景点都有相对较长的停留，即公园北门附近的广场，老年人上午可在此进行一系列的运动、休闲以及社交活动等，其他活动轨迹主要分布在公园西侧，且比中午型的活动轨迹要长。二者的差异主要体现在入园时间和出园时间上。综合来看，类型三入园时间和出园时间比类型一要早。

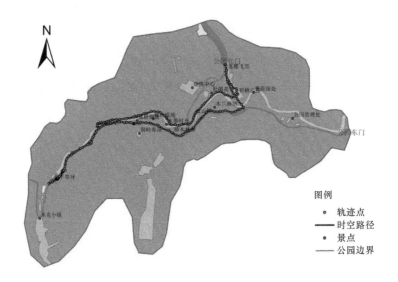

图 6.7　老年人上午型行为模式

2. 中午型行为模式

中午型（聚类类型五）行为模式的老年人游览时间段主要集中在 12:00—15:00，这段时间公园内的游客相对较少，错开了人流高峰，比较适合老年人进行散步等活动。中午型样本的老年人游览时长为 1.8 小时，较上午型样本的老年人游览时长较长，主要到访"木兰林语""樟木林香""碧栖云霞"等景点（见图 6.8），运动轨迹主要分布在公园中都与中西部，游览路程短，但在景点的停留时间长。

3. 下午型行为模式

下午型（聚类类型二、类型四）行为模式的老年人游览时段主要集中在

15:00—18:00，游览时长分别为 1.3 小时和 1.6 小时。在此期间，老年人到
访了"木兰林语""杜鹃花谷""碧栖云霞"等主要景点（见图 6.9），相较
于上午型和中午型行为模式，到访景点主要集中于公园中部以及河流两岸，
公园东西部均有涉及。

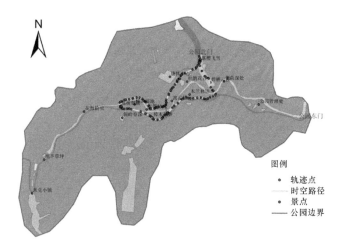

图 6.8　老年人中午型行为模式

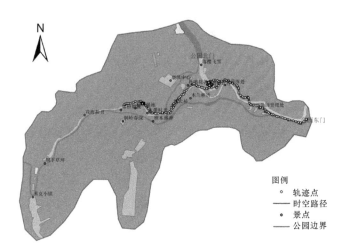

图 6.9　老年人下午型行为模式

6.4 研究结论与建议

本章以小车河城市湿地公园老年人行为时空特征为切入点，根据调查的GPS轨迹数据，采用空间分析和 K 均值聚类分析法，结合老年人的时间和空间行为，研究老年人时空行为规律和行为模式特征，得出以下结论。

（1）在时间行为上，老年人在小车河城市湿地公园游玩的时间主要集中在 9:00—18:00，游览时间约 2 小时。出现入园高峰和离园高峰与老年人生活作息规律和个人自身条件有关。

（2）在空间行为上，老年人在小车河城市湿地公园中的轨迹基本沿公园路网和步道分布，主要集中在小车河路和河边步道上。老年人在景点的停留时长在空间分布上存在较强的关联性，停留时间较长的区域，休憩设施相对比较完善。老年人轨迹点主要集中在景点附近区域，说明老年人围绕景点存在一定的空间聚集。

（3）在行为模式上，研究发现老年人在小车河城市湿地公园的时空行为模式特征明显，不同的行为模式在游览时长、游览路程、停留区域和停留时间上存在明显区别。不同类型的游览行为模式与公园的基础服务设施和景点的规划布置有着较好的对应关系。

（4）结合上述结论和实地调查发现，小车河城市湿地公园存在适老化设施较少且不完善等问题。公园中的步道阶梯较多，行动不便的老年人很难通行，在某些地段步道较窄，当人流较大时，对老年人的安全形成较大风险；公园中老年人的锻炼设施很少，很多老年人不能进行相应的锻炼。公园应加强适老化建设：①优化老年人社会交往类和安静休憩类活动空间；②基于资源需求的配置精准化，实现公园与老年人行为活动的实际需要精准配置，避免高峰时期难以满足需求等设施资源供需错位的问题；③对公园中硬质活动场地应进行适老化专门设计，满足老年人集体性活动等的要求；④增设适合老年人健康效益的绿色空间，提升老年人活动空间的舒适度，促进老年人身心健康。

城市生态公园是老年人休闲活动的重要载体，因此，公园的环境、基础设施建设、景点配置等的优化对于公园管理与服务提升至关重要。在公园中地形平坦、视野开阔的位置，打造老年人休闲活动空间、布置无障碍运动设施和休息设施等是现代公园规划设计与改造的重点；此外，考虑到老年人身体、视力等因素，需设置便利老年人的提示牌，准确标明公厕、急救站、安全出口等的位置；同时要加强急救站以及安全督巡的制度建设，确保老年人在休闲活动中遇到危险情况时能够得到及时有效的帮助。政府应当充分引领积极健康的休闲方式，不断推动全社会老年人休闲设施的转型建设与优化，以此全面提升老年人生活的幸福感，促进社会经济的健康可持续发展。

本章参考文献

[1] 项鑫，王乙．中国人口老龄化现状、特点、原因及对策［J］．中国老年学杂志，2021，41（18）：4149-4152.

[2] 景一敏，张建林．重庆市北碚区社区公园使用后评价研究：以城市文化休闲公园为例［J］．西南师范大学学报（自然科学版），2021，46（3）：142-151.

[3] 朱礼华，杨晴．智慧养老服务的供给、需求及媒介分析：基于"服务链"理论［J］．中国老年学杂志，2021，41（18）：4118-4124.

[4] 马骏，沈坤荣．中国人口老龄化对经济发展的影响机制及对策研究［J］．浙江工商大学学报，2021（4）：72-83.

[5] 刘法建，吴晓雨．休闲制约对城市老年人休闲满意度的影响：兼议休闲动机的中介作用［J］．福建农林大学学报（哲学社会科学版），2021，24（6）：68-77.

[6] 陈晨，熊驰雁，肖雨璇，等．基于IPA方法的南昌市城市公园老年人休闲满意度评价研究［J］．江西科学，2021，39（4）：762-768.

[7] 郭英之，甘雪娜，董坤，等．新时代我国老年居民休闲动机与主观幸福感影响机理及精准施策［J］．泰山学院学报，2021，43（5）：45-58.

[8] 李晗，张振龙．基于社会网络分析法的城市社区老年人休闲空间优化［J］．苏州科技大学学报（工程技术版），2020，33（3）：72-80.

[9] 沈晗斌，何学聪，刘壮．空间类型视角下的社区老年人户外休闲活动空间设计：以南京孝陵卫社区为例［J］．设计，2021，34（13）：148-151.

[10] 罗婷，陈慧雯．基于SD法的老年人室外公共活动空间使用评价研究：以武汉理工大学西院校区为例［J］．城市建筑，2020，17（4）：23-26，68.

［11］ 王丽娜，刘东云，陈德生，等．基于 SPSS 的北京户外景观老年人活动特征研究［J］．北京规划建设，2019（2）：106-111.

［12］ 田燕．成都地区老年人运动休闲特征分析［J］．运动精品，2019，38（7）：30-31.

［13］ 王倩，李恺文．沈阳市老年人冬季活动特征研究：以万柳塘公园为例［J］．风景名胜，2019（11）：25-26.

［14］ 黄潇婷，张晓珊，赵莹．大陆游客境外旅游景区内时空行为模式研究：以香港海洋公园为例［J］．资源科学，2015，37（11）：2140-2150.

第 7 章

贵阳花果园社区居民的居住满意度
调查及分析

在经济社会发展一体化的背景下，我国的社会矛盾发生了根本性的变化，人民群众的需求发生了重大转变。何种居住环境能够提升居民的居住满意度、改善居民生活品质、增强居民归属感与幸福感？这是人居环境研究的重点领域之一。随着中国的城市化进程逐步加快，迅速增长的城市人口、不断扩大的城市规模、紧缩的土地资源，使得满足居民日益增长的美好生活需求已经成为我国当前亟待解决的问题之一。无论从社会、政治、经济等任意角度来看，提高人居环境质量都是非常紧要的问题，并且随着人们对居住质量的要求越来越高，居住满意度的研究价值也逐渐增强。本研究将贵阳花果园社区作为调查区域，调查贵阳花果园社区居民对居住的满意度，分析影响该社区居民居住满意度的主要指标，并通过 SPSS 软件等多种研究方法对其进行分析；此外，还对局部不同居住小区居民的居住满意度的空间差异进行分析。经过调查、分析，本研究发现了影响花果园社区居民居住满意度的因素并给出对策和建议，从理论上讲，研究成果在一定程度上也能为花果园社区居民的居住满意度改善和提升提供参考意见。

　　在社会融合的背景下，居住满意度是维系社会体系和社会网络稳定的重要因素之一，并引起了西方学者的长期关注[1]。国外对居民居住满意度的研究大致分为两个方面：一方面是将居民居住满意度作为评估住宅品质的准则，并对影响居民居住满意度的因素和认知角度进行研究；另一方面是将居民居住满意度作为行为变量或中介变量进行检验，并研究居民居住满意度对居民流动性和居住条件改善的影响[2]。Alden Speare[3] 在 1974 年研究了居民居住满意度对居民流动性的影响。他认为居民个体和住宅特征会通过影响居民居住满意度来影响其流动性。1997 年，Amérigo 和 Aragonés[4] 在描述特定的居住环境中居民的生活质量时，把居民居住满意度作为重要标准进行了研究。其研究表明居民居住满意度也是影响居住流动性的一个激励因素。1999年，Max Lu[5] 表示居民居住满意度不仅是居民生活质量的关键组成部分，而且与居民个人对生活环境的反馈程度也存在影响。关于居住环境适应性对居住满意度的影响，也有研究表明，个人偏好或需求与环境压力之间的一致性也可以促进环境满意度和心理健康的提升[6]。居住满意度是一个复杂的问题，需要从多维角度对其进行研究，沿着相应的维度考虑居民个人、居住环境特征等是有很意义的。此外，2005 年，Paris 等[7] 将物业管理对居民居住满意度的影响做了研究。Mohit 等[8]基于马来西亚吉隆坡新设计的公共廉租房进行了居民居住满意度的评估。Dekker 等[9]采用多层次分析方法对欧洲城市多种住宅类型的居民居住满意度进行研究。2012 年，Lee 等[10]还将研究方向延伸到了感知文化住宅差异和居住满意度的关系，并在研究中表示，居民的住宅观念差异也是影响旅居者对居住满意度的主要媒介因素。

近年来，国外许多学者又在此基础上确定了一些新的影响因素，也在研究区域选择、方向领域以及研究方法创新等方面有了新的突破。2014 年，Jansen[11]表示，居住满意度取决于居民个人期望，住宅不符合居民的需求可能会直接导致居住满意度下降。如果居民实际拥有的住宅与他所期待的有偏差，那么他的居住满意度就会下降；当住宅条件与居民的居住期望偏差较小时，自然会促使居住满意度的提升。反之亦然，当居住条件偏离一个人的预期时，就会导致居住满意度下降。2019 年，Gan 等[12]通过多元回归分析，确定了公共设施、邻里环境和住房政策三个影响居民总体满意度的关键因素。Elham Hesari 等[13]研究了新城市中场所依恋的维度与居民满意度的关系。使用验证性因素分析和结构方程模型（SEM）两种研究方法对伊朗萨德拉新城进行分析，并将研究重点集中在该研究区域居民的居住依恋度（PA）和居住满意度（RS）上。

在过去的 10 年间，国内学者对居民满意度的研究渐渐增加，内容上也可以分为两个方面：一方面是对居住环境的评估，包括城市居民居住环境和城市环境空间特征的评估；另一方面是关于居住满意度的感知维度以及影响因素的研究[2]。国内学者在该领域的研究文献最早可追溯到 1999 年。耿媛元[14]应用层次分析和模糊综合评判方法两种方式，将选取指标与研究区域居民对居住环境的自我感知相结合加以分析，从而明确该区域居民的满意度。2011 年，何立华、杨崇琪[15]认为，配套设施是影响居住满意度最为主要的因素。基础教育设施、医疗卫生设施还有生活服务设施等也存在显著影响。2013 年，李志刚等[16]对我国非正规居住区的居住满意度进行了研究。对于这个特殊的调查区域来讲，被排斥感以及社区依恋感降低是此类区域居民满意度低的关键，居民的经济社会属性并不是影响居民满意度的显著决定因素。消除新移民融入城市的社会和制度障碍可能是提高居民满意度和社区质量的最有效途径。2014 年，湛东升等[17]运用探索性因子分析和结构方程模型两种方法，以北京市不同风格的多个社区居民作为调查研究对象。其研究结果表明，北京市居民的居住满意度的感知因素主要包括四个方面，即居住环境、住宅条件、配套设施和交通运输，并且这四个方面的满意度呈递减趋势。2015 年，闪晓光等[18]基于决策树分析方法，对调查区域的公共服务设施配置与居民满意度之间的联系进行了研究。2018 年，李海波[19]在创建保障性住房居住满意度评价指标体系的前提下，对居住满意度的影响因素与城际差别进行了最优尺度回归和多水平模型的实证方法分析。2018 年，李进涛、王一[20]以探索影响保障性住房居民的居住满意度因素的公共因素为起点，采取 Meta 回归分析方法，对前人研究国内此类住宅居住满意度的研究成果进行进一步的分析。该研究罗列了保障性住房居住满意度的评价指标体系，并认为影响居住满意度的积极因素是住宅的配套设施、社会环境和政府提供的服务，消极因素是居民个体的社会经济特征，而住宅本身的建筑设计和物业管理对保障性住房居民的满意度没有显著影响。2019 年，王涛等[21]以郑家庄为例，将研究区域定位为多民族聚居村庄。该研究以调查对象的微观主体视角为起始点，研究方法采取 3S［遥感技术（RS）、地理信息系统（GIS）和全球定位系统（GPS）］和参与式乡村评估（Participatory Rural Appraisal，PRA）两种方法相互融合的方式，得到研究区域的民族共生性特征，以及郑家庄在整体、局部以及个体上的满意度等成果。2020 年，钟异莹、邵毅明等[22]采取结构方程模型对出行环境与居住满意度之间的联系和影响进行研究。他们认为对居住满意度具有积极影响的因素包括出行环境、区域位置、社区环境、居住条件四个方面。

7.1 研究数据与研究方法

7.1.1 初步建立指标体系

20 世纪 30 年代，满意度的概念起源于心理学领域，而后其发展并成熟于经济学和社会学领域[23]。60 年代后，规划类学者逐渐开始将满意度应用于居住区规划中，进而形成了居住满意度的概念[24]。居住满意度研究是在西方发达国家中较早出现的。在 90 年代后，随着人们对居住质量关注度的提升，以及一些城市出现了"宜居城市"建设方针，居住满意度研究慢慢引起了国内学者们的关注。

满意度是权衡客户对产品或服务品质体验程度的指标，用于表达人们对产品使用前的憧憬与实际使用后的感受之间的相对关系。与普通产品不同，居住满意度是对居民所居住的住宅和社区宜居性的综合评价，它是指居民的预期居住生活条件与实际生活条件之间的差距，差距越小则居民满意度越高[25]。可以理解为规定地区居民的满意度，取决于当前居住环境与预期居住环境之间的差异。也可以从居民的角度反映个人住房需求的满足程度，即居民的期望、需求和实际居住条件与建成环境之间的平衡[26]。它还可以被解释为对居民住宅和社区宜居性的综合评估，其中包括多层面的影响，是居民不同心理感受累积效应的长期汇集，可以称居住满意度为指导不同类型居民对住宅需求的导向。然而遗憾的是，目前学术界对居住满意度的理解和界定还存在很多分歧和争议，尚未形成统一明确的定义[27]。关于居住满意度的研究主要聚焦在对其测量和影响因素上，其概念复杂，至今未形成标准的评价指标体系。

本章基于国内外各类研究学者对居住满意度的研究，结合对贵阳花果园社区的实地走访与媒体报道[28,29]，综合整理可能会影响该社区居民居住满意度的因素，建立了花果园社区居民居住满意度的评价指标体系初级结构图（见图 7.1）。总结现有需要纳入本研究的影响因素，将该社区居民居住满意度的影响因素分为三个层面，第一层面是基本信息，包括住户与住宅的基本信息，即住户的性别、年龄、月收入等，以及住宅在该社区的具体位置、楼层、居住时长、住宅产权（租赁或自购）、住宅面积等基本信息；第二层面是关于居民的住宅品质的感知，即住宅设计（包括住宅的采光通风、安全性、房间布局、租金等）以及物业管理（包括物业费用是否合理、物业服务质量高低等）；第三层面是社区环境，包括配套设施（包括小区绿化、内外交通、教育设施、医疗设施、商业设施、娱乐设施等）以及住宅环境（包括该社区居民的邻里关系、环境卫生、噪声控制等），从这三个层面来调查分析居民对该社区的居住感知效果。

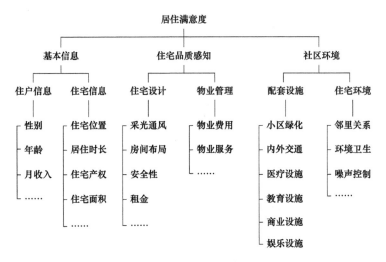

图7.1　居住满意度评价指标体系初级结构

　　本章的主要研究方法是，首先通过检阅文献，选取大多数学者论证过的有效变量因素，从而确定变量因素，并根据确定的变量因素建立评价指标体系；其次对贵阳花果园社区居民的居住满意度进行调查，分析影响居民居住满意度的要素与类型，从而确定改善居民居住满意度的关键因素；然后选取适当的研究方法进行分析评价；最后获得分析结果。

　　本章采用定性与定量相结合的研究方法，主要采取的研究方法有描述性统计分析法、Pearson 直线相关性分析法、探索性因子分析法与标准回归系数分析法。

　　描述性统计分析法是指运用制表和分类、图形以及计算概括性数据来描述数据特征的各项活动，对调查总体所有变量的有关数据进行统计性描述。[30]本章主要应用该方法对花果园社区受访居民的调查数据样本进行统计分析，主要分析数据的频数、均值、方差和标准差等。

　　相关性分析是研究两个或两个以上处于同等地位的随机变量间的相关关系的统计分析方法。[31]本研究采用 Pearson 直线相关性分析法确定居民总体居住满意度与其他细分满意度指标之间直线相关的方向和密切水平，取值 −1~1，绝对值越大，表示相关性越强。

　　因子分析法是验证性分析和探索性分析两种分析形式的统一体。探索性因子分析（Exploratory Factor Analysis）法是一项用来找出多元观测变量的本质并进行处理降维的技术。[32]本章首先利用 SPSS 软件对原始数据进行预处理，包括个别缺失值的筛选等；其次采取主成分分析法对数据进行因子分析，并应用最大方差法对其进行正交旋转；最终选取特征值大于 1 的因子作为主成分、因子载荷值大于 0.5 的题项作为因子分析的结果。

　　回归分析（Regression Analysis）法是确定两种或两种以上变量间相互依赖的定量关系的一种统计分析方法。[33]本章采取标准回归系数分析法。标准回归系数分析是指消除了因变量（Y）和自变量（X_j）所取单位的影响之后的回归系数，其绝对值的大小直接反映了自变量对因变量的影响程度。[34]其计算公式如下：

$$Y = b_0 + b_1 X_1 + \cdots + b_j X_j + \cdots + b_J X_J$$

式中：Y 为估计值；参数 b_j 通过最小二乘法求得。

　　标准化回归系数为

$$标准回归系数 = b_j \times \frac{X_j 的标准差}{Y 的标准差}$$

7.1.2　问卷设计

　　本研究基于国内外已有的研究成果，并根据所建立的评价指标体系结构，最终确定基本信息、住宅品质感知和社区环境 3 个一级指标，住户信息、住宅信息、住宅设计、物业管理、配套设施、住宅环境 6 个二级指标，以及 22 个具体的三级单项指标（见表 7.1）。

表 7.1　居住满意度评价指标体系

一级指标	二级指标	三级指标
基本信息	住户信息	性　别
		年　龄
		月收入
	住宅信息	住宅位置
		居住时长
		住宅产权
		住宅面积

续表

一级指标	二级指标	三级指标
住宅品质感知	住宅设计	采光通风
		房间布局
		安全性
		租　金
	物业管理	物业费用
		物业服务
社区环境	住宅环境	邻里关系
		环境卫生
		噪声控制
	配套设施	小区绿化
		内外交通
		医疗设施
		教育设施
		商业设施
		娱乐设施

　　本研究的调查问卷内容包含两个主要部分，第一部分为基本信息，内容包括住户与住宅的基本信息，即居民的性别、年龄、月收入等，以及住宅在该社区的具体位置、楼层（低层住宅、小高层或高层住宅）、居住时长、住宅产权（租赁或自购）、住宅面积等基本信息；第二部分是问卷的主体部分，该部分主要为居住满意度指标，并将其分为两个部分进行设计，部分①是关于居民对住宅品质的感知，即住宅设计（包括住宅的采光通风、房间布局、安全性、租金等）以及物业管理（包括物业费用是否合理、物业服务质量高低等）；部分②关于社区外界环境与社区人文环境，包括配套设施（包括小区绿化、内外交通、医疗设施、教育设施、商业设施、娱乐设施等）以及住宅环境（邻里关系、环境卫生、噪声控制等因素）。除基本信息部分外，居住满意度指标的设置题项部分均采取李克特 5 级量表形式，分别按"满意（5 分）""比较满意（4 分）""一般（3 分）""不太满意（2 分）""不满意（1 分）"的高低程度进行赋值。其他测量题项按题项的选项个数分别赋值，

而诸如"租期结束后，您是否愿意续租"等类似题项，其题目选项赋值按"是"与"否"分别赋值为"1"和"0"。此外，关于居民对该社区的建议与期望的反馈题项，以多种题项类型构成贵阳花果园社区居民的居住满意度调查问卷（见附录 F）。

7.1.3　数据收集

本研究的问卷面向贵阳花果园社区的居民随机发放，至 2020 年 4 月截止访谈。调研的形式主要为网络调研，问卷发放的途径主要包括微信二维码扫码填写、微信推广、网址链接分享等方式，以确保调查样本能够以多种渠道获得，且能扩大受访居民类型范围。本次问卷调研累计发放调查问卷 228 份，回收 228 份，通过对不真实、缺失问卷的筛选和剔除，得到有效问卷 192 份，有效回收率达到 84.21%。

7.2　样本分析

7.2.1　问卷的信度与效度检验

在运用方法分析之前，对问卷数据的可靠性和有效性进行检验是很有必要的，需要以此来判断问卷的调查方法是否可靠，问卷题项的设置是否合理等，可靠性与有效性的检验值越高，表示问卷的可靠度与信度就越高。从问卷数据的有效性来看，本研究问卷中包含的所有类型的问题言简意赅，这使得各种类型的受访居民基本可以在此类情况下准确理解问卷问题，并对其进行反馈。此外，问卷还采取各种各样的表现方式设置类似相同的题项，并分布到问卷不同区域，以这种方式来检测受访居民在面对类似问题时的答案的可靠性。从一致性准则的角度来看，本调查问卷涵盖的大部分题项内在本质都存在相关性。所以，综上所述，本研究认为本次收集的数据和获取的结果均具备较高的有效性和可靠性。为确保调查问卷数据的有效性和可靠性，本研究对调查问卷进行了克龙巴赫系数（Cronbach's α）的信度检验，以及 KMO 检验和巴特利（Bartlett）球形检验的效度检验。

通常克龙巴赫系数的值 $\alpha = 0 \sim 1$，如果 $\alpha < 0.7$，一般认为内部一致信度不足；如果 $\alpha = 0.70 \sim 0.80$，表示量表具有相当的信度；如果 $\alpha > 0.80$，说明量表信度非常好。[35]经检验，本研究调查数据的满意度指标变量的 $\alpha = 0.754$，说明问卷拥有相当的信度，其数据具备较好的内部一致性。

一般 KMO 检验用于检验变量间的相关性和部分相关性，该值介于 $0 \sim 1$。KMO 统计量越接近 1，变量间的相关性越强，偏相关越弱，因子分析的效果越好。如果检验结果显著性值小于 0.05，说明符合标准，数据呈球形分布，各个变量在一定程度上相互独立。[36]经检验，本研究调查问卷数据 KMO 检验值显示为 0.835，因此可以认证本研究调查问卷数据具有很高的有效性，非常适合做因子分析。此外，调查样本分布的巴特利球形近似卡方检验值为1103.639，其显著性的数值为 0.000，远远小于 0.05，表明本研究问卷数据的巴特利球形检验结果显著，也非常适合做因子分析。检验结果具体数据如表 7.2 所示。

表 7.2　KMO 检验和巴特利球形检验结果

检验方式	检验类型	检验值
巴特利球形检验	近似卡方	1103.639
	df	190
	$Sig.$	0.000
KMO 检验		0.835

7.2.2　样本基本信息特征分析统计

问卷第一部分主要是样本基本信息，即住户与住宅的基本信息统计情况，描述性统计分析结果如表 7.3 所示。从表 7.3 可以看出，受访居民的性别占比相对平衡，女性（58.33%）略高于男性（41.67%）。年龄的构成大多在"18～29 岁"和"30～59 岁"两个区间，约占总人数的82.81%。月收入在"2000 元以下""2000～4999 元""5000～7999 元"这三个区间的受访居民人数占大部分，占比的分布也相对均衡；而"8000元及以上"收入区间的受访居民人数约占总人数的 8.85%。此外，居住时

长在"1 年以下"和"1~2 年"的受访者人数总共 143 人，约占总人数的
74.48%；居住时长"5 年以上"的受访者人数较少。本次受访的多数居民
的住宅产权是租赁（64.06%），占总人数的一半以上，说明本次受访者中
拥有自购房的居民较少。在住宅面积的调查中显示，本次受访居民的住宅
大多以"90 m² 以下"和"90~119 m²"的小户型与中小户型为主。综上
所述，根据基本信息的统计分析，结合住户与住宅的基本信息相比较，收
入偏低的居民就会选择租赁或购买小户型或中小户型住宅。从调查表中的
数据也可以看出，花果园社区月收入水平在 8000 元以下者居多，因此月
收入情况会在一定程度上影响其住宅面积大小、住宅产权等。这些数据也
从侧面体现出花果园社区综合整治存在一定的紧迫性，迫切需要关于居住
满意度的研究成果，为花果园的居民居住满意度提升与改善提供前期
准备。

表 7.3　住户与住宅基本信息调查样本情况

项　目	选　项	样本数/人	比例（%）
性　别	男	80	41.67
	女	112	58.33
年　龄	18 岁以下	24	12.50
	18~29 岁	121	63.02
	30~59 岁	38	19.79
	60 岁及以上	9	4.69
月收入	2000 元以下	63	32.81
	2000~4999 元	64	33.33
	5000~7999 元	48	25.00
	8000 元及以上	17	8.85
居住时长	1 年以下	72	37.50
	1~2 年	71	36.98
	3~5 年	34	17.71
	5 年以上	15	7.81
住宅产权	租　赁	123	64.06
	自　购	69	35.94

续表

项　目	选　项	样本数/人	比例（%）
住宅楼层	低层住宅（1~3层）	33	17.19
	多层住宅（4~6层）	69	35.94
	中高层住宅（7~9层）	49	25.52
	高层住宅（10层及以上）	41	21.35
住宅面积	90 m² 以下	78	40.63
	90~119 m²	72	37.50
	120~149 m²	30	15.63
	150 m² 及以上	12	6.25

注：表中各分项比例数据之和约为100%，是由于数值修约误差所致。

7.3　居民满意度分析

7.3.1　居民总体居住满意度统计分析

除问卷第一部分的基本信息外，问卷主体部分设计的主要内容是针对花果园社区居民对其居住小区在各个方面指标实际表现的满意度体现，并将各项单项指标进行李克特5级量表设计，1、2、3、4、5分别对应"不满意""不太满意""一般""比较满意""满意"。

根据问卷的李克特5级量化设计，关于居民总体居住满意度的具体情况如表7.4所示。

表7.4　居民总体居住满意度占比统计情况

满意度划分	1（不满意）	2（不太满意）	3（一般）	4（比较满意）	5（满意）
频数/人	10	69	58	40	15
占比（%）	5.21	35.94	30.21	20.83	7.81

由表 7.4 可见，花果园社区的居民总体居住满意度在各个满意度区间都有分布，其中，"不满意"的有 10 人，占总人数的 5.21%；"不太满意"的有 69 人，占总人数的 35.94%；"一般"的有 58 人，占总人数的 30.21%；"比较满意"的有 40 人，占总人数的 20.83%；"满意"的有 15 人，占总人数的 7.81%。

根据表 7.4 数据制作得到图 7.2。结合图 7.2 也可以看出，"不满意"和"满意"两个区间的占比都比较低，且占比情况相差不大；"不太满意"处于居民总体居住满意度的峰值，其次是"一般"和"比较满意"。综上所述，居民对花果园社区目前的总体情况反馈效果比较消极，总体上在很多方面还存在诸多不满意。

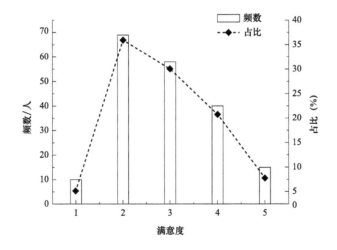

图 7.2 整体居住满意度占比与人数

注：1—"不满意"；2—"不太满意"；3—"一般"；4—"比较满意"；5—"满意"。

7.3.2 基于不同居民属性以及满意度指标的居住满意度分析

问卷主体部分共设计了 12 个与居住满意度相关的指标，其中包括 1 个居民总体居住满意度指标和 11 个细分满意度指标。利用 SPSS 软件对 12 个满意度指标与不同居民属性的满意度得分均值进行统计分析，计算得到不同居民属性与满意度指标的居住满意度均值得分统计结果，如表 7.5 所示。

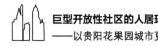
表7.5　不同居民属性与满意度指标的居住满意度均值得分统计

项　目	居民属性	满意度均值	项　目	满意度指标	满意度均值
性　别	男	2.92	居住满意度	总体满意度	3.20
	女	2.90	配套设施	小区绿化	2.25
年　龄	18岁以下	3.13		内外交通	2.24
	18~29岁	2.85		商业设施	3.34
	30~59岁	2.94		娱乐设施	3.17
	60岁及以上	3.10		医疗设施	3.21
月收入	2000元以下	2.83		教育设施	3.18
	2000~4999元	2.88	住宅环境	邻里关系	2.79
	5000~7999元	2.92		环境卫生	2.54
	8000元及以上	2.85		噪声控制	2.85
住宅产权	租　赁	2.91	物业管理	物业费用	2.81
	自　购	2.94		物业服务	2.63

　　根据居民属性部分的数据可以看出，满意度均值得分均在2.8以上，整体满意度表现为偏低程度，但不同居民属性的满意度也表现出一定差异。

　　（1）从性别、住宅产权来看，男性（2.92）满意度相较于女性（2.90）来讲略高，拥有自购房的居民（2.94）比租赁住房的居民（2.91）居住满意度高。

　　（2）从年龄来看，"18岁以下"和"60岁及以上"两个区间居民的满意度表现比较高，得分均值分别为3.13和3.10，如图7.3（a）所示。这两个区间的居民基本就是未成年人和退休老人，他们对居住满意度的评价不存在过多因素的干扰，对于未成年人来讲，主要考虑的是教育设施和娱乐设施是否符合其标准；而老年人可能更重视居住环境的宜居效果。"18~29岁"和"30~59岁"两个区间居民的满意度表现也存在差异，其满意度均值得分分别为2.85和2.94。对于前者来说，该年龄阶段的人们正处于刚刚步入社会为生活奋斗的阶段，无论是经济状况还是家庭组成，都会影响人们对生活的满意度；而对于后者来讲，家庭负担的影响占比可能居多。

（3）从月收入来看，四个区间的整体居住满意度表现并没有因收入高低呈现出递增趋势，如图 7.3（b）所示。收入低的居民可能对居住环境的期望比较低，但是肯定会因为经济情况产生大部分的消极情绪；而收入高的居民也不一定会因为收入的提高而增强满意度，相反，他们会因为收入的提高而对居住小区各类因素的期望值也相应提高，导致符合期望的居住体验较少，从而影响居住满意度。

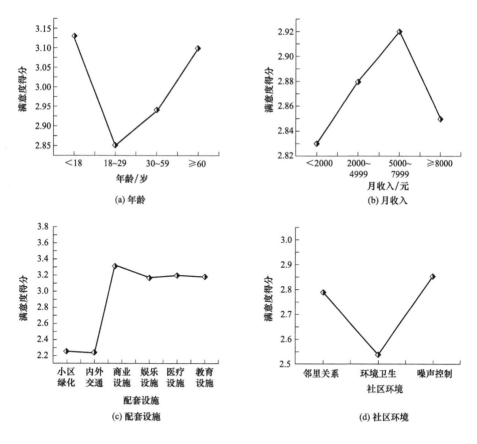

图 7.3 不同居民属性与满意度指标满意度表现

根据满意度指标的满意度均值得分数据，可以看出居民对花果园社区的总体居住满意度评价的样本得分均值为 3.20，略超过 3.0，居民的总体满意度表现为"一般"。从整体上看，配套设施与住宅环境、物业管理相比，在整个满意度指标中的整体均值（即满意度的表现）都是比较好的。

（1）在配套设施方面，其中满意度均值得分超过 3.0 的指标有商业设施（3.34）、娱乐设施（3.17）、医疗设施（3.21）以及教育设施（3.18），说明这四个指标在花果园社区的满意度与其他七个指标相较而言满意度较好；内外交通（2.24）和小区绿化（2.25）的满意度较低，如图 7.3（c）所示。

（2）在社区环境方面，居民对噪声控制（2.85）的满意度高于邻里关系（2.79）和环境卫生（2.54），但整体满意度表现都较低，如图 7.3（d）所示。

（3）在物业管理方面，物业费用（2.81）的满意度高于物业服务（2.63），整体满意度表现都比较低，均值均低于总体满意度。

7.3.3 Pearson 直线相关性分析

通过 SPSS 软件，将表 7.6 中的不同居民属性和 11 个细分满意度指标分别与居民总体居住满意度指标进行 Pearson 直线相关性分析。一般认为，相关系数（即 Pearson 相关性）在 0.8~1.0 表示极强相关，在 0.6~0.8 表示强相关，在 0.4~0.6 表示中等程度相关，在 0.2~0.4 表示弱相关，在 0~0.2 则表示极弱相关或无相关。

表 7.6 不同居民属性对总体满意度的相关性分析结果

项 目		性 别	年 龄	月收入	住宅产权	家庭结构
总体满意度	Pearson 相关性	-0.219	0.301	-0.374	0.488	-0.223
	显著性（双侧）	0.008	0.012	0.015	0.006	0.102
	数量 N	192	192	192	192	192

从表 7.6 可以看出，性别（-0.219）、月收入（-0.374）、家庭结构（-0.223）等对总体满意度呈负相关性，年龄（0.301）和住宅产权

（0.488）呈正相关性。从整体上看，本研究调查分析出的居民属性对居民总体满意度整体的相关性基本呈现弱相关，其中住宅产权呈现中等程度相关。家庭结构（即是否独居，是否与家人、朋友共同居住）与总体满意度相关性大于0.05，为不显著，其他变量与总体满意度显著性水平低于0.05，相关系数关系成立。

从表7.7中可以看出，内外交通（0.826）、商业设施（0.887）、环境卫生（0.803）三个满意度指标的相关性数值均达到0.8以上，说明这3个指标与居民总体居住满意度的相关性表现为极强；小区绿化（0.786）、医疗设施（0.793）、教育设施（0.738）、邻里关系（0.657）、噪声控制（0.683）、物业费用（0.792）以及物业服务（0.651）等满意度指标的相关性值均达到0.6以上，说明这7个指标对居民总体居住满意度的相关性表现为强相关；此外娱乐设施（0.534）对居民总体居住满意度的相关性表现就相对较弱。各项满意度指标的显著性均不大于0.001，说明这11个满意度指标与总体居住满意度指标的相关性整体表现较高。

表7.7 满意度指标对总体满度的相关性分析结果

项　　目		小区绿化	内外交通	商业设施	娱乐设施	医疗设施	教育设施	邻里关系	环境卫生	噪声控制	物业费用	物业服务
总体满意度	Pearson相关性	0.786①	0.826①	0.887①	0.534①	0.793①	0.738①	0.657①	0.803①	0.683①	0.792①	0.651①
	显著性（双侧）	0.000	0.000	0.000	0.001	0.000	0.000	0.001	0.000	0.001	0.000	0.000
	数量 N	192	192	192	192	192	192	192	192	192	192	192

① 表示在0.01水平（双侧）上显著相关。

综上所述，本研究的调查样本中居民属性对居民满意度的相关性均表现为中等相关性以及弱相关性（见图7.4），且显著性水平均偏低，与细分满意度指标相比，相关性效果相差较大，不适于做因子分析。因此，居民属性不纳入因子分析与回归分析中。

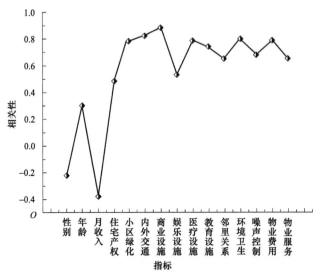

图 7.4　不同居民属性与满意度指标对总体满意度的相关分析

7.3.4　探索性因子分析

利用 SPSS 软件,采取探索性因子分析方法对 11 个居住满意度指标进行分析。分析前已对调查数据进行巴特利球形检验和 KMO 值检验判断。经检验,数据非常适合进行因子分析(见表 7.8)。首先对 11 个细分满意度指标进行主成分分析,然后选用最大方差法对因子载荷进行正交旋转,抽取得到 3 个特征值大于 1 的主成分、选取因子载荷绝对值大于 0.5 的题项后,得到居住满意度指标的探索性因子分析结果(见表 7.8)。关于探索性因子中细分满意度指标的因子载荷和共同度分析如图 7.5 所示。

表 7.8　细分满意度指标探索性因子分析结果

主成分	细分满意度指标	因子载荷	均值	标准差	贡献率(%)	共同度
F_1	小区绿化	0.632	2.25	1.241	26.248	0.502
	内外交通	0.756	2.24	1.182		0.705
	商业设施	0.582	3.63	1.324		0.545
	娱乐设施	−0.810	3.17	1.246		0.711
	医疗设施	0.808	3.20	1.352		0.689
	教育设施	0.682	3.18	1.228		0.617

续表

主成分	细分满意度指标	因子载荷	均 值	标准差	贡献率（%）	共同度
F_2	邻里关系	0.597	2.79	1.139		0.507
	环境卫生	0.675	2.54	1.176	19.547	0.611
	噪声控制	0.603	2.85	1.277		0.733
F_3	物业费用	0.747	2.81	1.306	19.278	0.695
	物业服务	0.880	2.63	1.206		0.802

注：提取方法，主成分分析法。旋转法，具有 Kaiser 标准化的正交旋转法（最大方差法）。

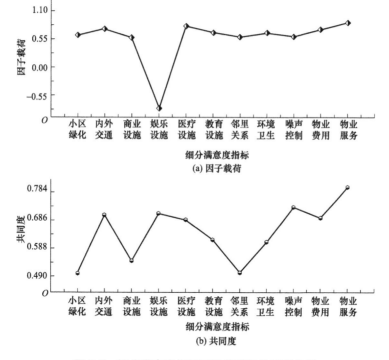

图 7.5 细分满意度指标因子载荷与共同度分析

从表 7.8 中可以看出，提取出来的三个主成分累计贡献率达到 65.073%。其中，第一主成分（F_1）的贡献率为 26.248%，在小区绿化、内外交通、商业设施、娱乐设施、医疗设施、教育设施上的因子载荷较高，载荷值分别为 0.632、0.756、0.582、-0.810、0.808、0.682，主要反映的是居民居住小区的"配套设施条件";第二主成分（F_2）的贡献率为 19.547%，在邻里关系、环境卫生、噪声控制上具有较高的因子载荷，载荷值分别为 0.597、0.675、0.603，主要反映居民居住小区的社区环境条件；第三主成分（F_3）的贡献率为 19.278%，与物业费用、物业服务相关性较强，因子载荷较高，载荷值分别为 0.747、0.880，主要反映居民居住小区的物业管理条件。

有关专家表示，共同度是变量中所含原始信息能被公因子解释的程度，共同度越大，说明共同因子对变量的解释能力越强。一般认为，共同度超过 0.4，表示共同因子可以很好地解释该变量。[37]由表 7.8 最后一列可以看出，11 个居住满意度细分指标的共同度全部都在 0.5 以上，说明本研究选取的指标对花果园社区居民的总体居住满意度都有显著影响。

7.3.5 标准化回归系数分析

结合上述对各项满意度指标的相关性分析以及基于对探索性因子的分析结果，将各项细分满意度指标与居民总体居住满意度指标进行标准化回归系数分析。得到三个主成分 F_1、F_2、F_3 与居民总体居住满意度（Y）之间的标准化回归系数与显著性检验的结果，如表 7.9 所示。

表 7.9　回归系数与显著性检验

常数与主成分	未标准化系数		标准化系数		t	$Sig.$
	B	标准误差	$Beta$	标准误差		
常　数	4.375	0.041			6.708	0.000
F_1（配套设施）	0.359	0.044	0.384	0.052	3.635	0.000
F_2（住宅环境）	0.302	0.041	0.374	0.053	3.350	0.000
F_3（物业管理）	0.324	0.042	0.369	0.052	3.542	0.000

通过表 7.9 中三个主成分因子变量的 t 检验值情况、回归系数数值都可以看出，三个主成分指标的回归系数均大于 0.100，并且显著性数值都小于 0.001，说明提取的三个主成分与总体居住满意度之间存在的相关性都比较强，这些变量都可以作为阐述花果园社区居民的总体居住满意度（Y）的解释变量。

根据表 7.9 中的数据可以得到未标准化的回归方程如下：

$$Y = 4.375 + 0.359\,F_1 + 0.302\,F_2 + 0.324\,F_3$$

同理，可建立标准化回归方程如下：

$$Y = 0.384\,F_1 + 0.374\,F_2 + 0.369\,F_3$$

根据所建立的标准化回归方程，继续对三个主成分因子的各项细分满意度指标进行再回归分析，从而明确各项细分满意度指标对总体居住满意度的影响程度。进一步运用回归分析方法获取各组主成分的各项满意度指标的回归系数，计算各指标对总体满意度的影响系数。其影响系数等于其在主成分变量线性回归分析中的标准化回归系数与其在对应主成分因子变量中的标准线性回归系数的乘积。[38] 经过计算，得到的结果如表 7.10 所示。

表 7.10　细分满意度指标影响系数

主成分因子	满意度细分指标	细分满意度指标的线性回归标准系数	对总体满意度的影响因素
F_1（配套设施）	小区绿化	0.378	0.144
	内外交通	0.386	0.148
	商业设施	0.342	0.132
	娱乐设施	0.326	0.126
	医疗设施	0.302	0.116
	教育设施	0.295	0.113
F_2（住宅环境）	邻里关系	0.291	0.108
	环境卫生	0.382	0.143
	噪声控制	0.284	0.106
F_3（物业管理）	物业费用	0.297	0.109
	物业服务	0.365	0.135

综合表 7.9、表 7.10 的数据得到回归分析结果。首先，对居住满意度影响最大的是 F_1（配套设施），其回归标准化系数数值达到 0.384。在配套设施中，小区绿化、内外交通对居住满意度的影响效果最高，影响系数分别达到了 0.144 和 0.148。在花果园项目改造建设以来的十余年间，花果园急速发展的城市规模致使该区域出现了一些问题。无论是人口还是建筑方面，其

密集程度都极高，容积率高达 6.8，建筑密度达 70%。因此，高度密集的居住人口、流动人口和建筑物导致花果园社区严重的交通拥堵。虽然花果园整体的绿地率达到 58%，区域内存在较大面积的绿地系统，但是花果园社区内部大部分居住小区的绿地覆盖率却很低。根据上述对满意度指标的统计分析得到，居民对内外交通满意度的得分均值仅为 2.24 分，居民对小区绿化满意度的得分均值为 2.25 分，远远低于总体满意度的平均水平，因此，内外交通和小区绿化对居民居住满意度的负面影响效果非常显著。然而，由于花果园社区优越的区域位置，居民对商业、娱乐、医疗、教育等方面的配套设施满意度相对较高，对居住满意度存在明显的正面影响效果。

其次，F_2（住宅环境）的回归标准化系数数值 0.374。相对于其他两个满意度细分指标而言，环境卫生对居住满意度的影响效果最大，对居住满意度的影响系数为 0.143；邻里关系和噪声控制的影响系数分别为 0.108、0.106。在调研过程中发现，居民对环境卫生不满意的原因大致有以下几点：垃圾处理不及时、乱丢垃圾、路面不整洁；因道路交通规划的不合理性，导致车辆停放不规范而引起的视觉感官的不满意等，这些因素降低了居民对环境卫生的体验。此外，在住宅环境中，邻里关系的影响度也相对较高。从调查数据分析中发现，大部分居民对邻里关系的满意度较低，其满意度得分 2.79。根据调查样本情况可知，本研究的受访居民的年龄段大部分都在"18~29 岁"和"30~59 岁"这两个区间，年轻人居多，所以人们大多数时间都用在工作上，匆忙的生活节奏叠加激烈的社会竞争会造成邻里之间的沟通交流甚少。但是人们对分享和沟通的本能意识是很强的，故而对邻里关系的期望值比较高，进而导致居民对邻里关系的满意度相对较低。

最后，F_3（物业管理）相对于另外两个主成分因子来说，对居住满意度的影响效果相对不算明显，其标准化回归系数为 0.369。其中物业服务相较于物业费用来说，其影响效果较大，对总体满意度的影响系数为 0.135。通过访谈得知，居民在物业管理条件上得不到满足的原因有很多，包括物业费用、管理模式不合理等，其中更大部分的不满意是对物业工作人员的服务质量和态度等。

7.4　不同居住小区居住满意度的空间差异分析

由于本研究调研形式受限制，调查样本基本覆盖花果园社区的所有居住小区，但各个片区所获样本数量参差不齐，如图 7.6 所示。因此，经过统计，本研究选取样本回收数量较多的 B、C、M、S 四个不同居住小区居民的居住满意度差异反映整个花果园社区不同居住小区的居民居住满意度的空间差异。本研究所获取的受访居民的居住满意度分布情况如图 7.6 所示。

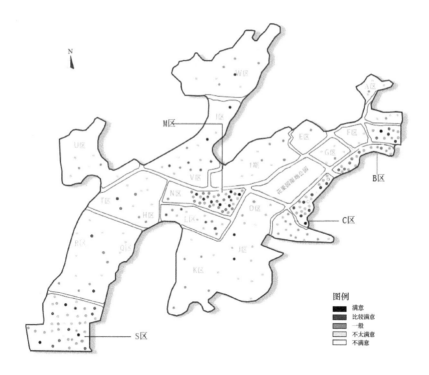

图 7.6　受访居民的居住满意度分布情况示意

由图 7.6 可见，获取的受访居民对花果园社区的居住满意度大部分以浅色系颜色的圆点组成，总体满意度以 "一般" "不太满意" 和 "不满意" 居多，"满意" 和 "比较满意" 的样本数不多，符合前文中使用的研究方法对居住满意度的分析结果。

通过图 7.6 也可看出，B、C、M、S 四个居住小区所获得的样本数量比较集中，因此，分别对 B、C、M、S 四个居住小区的满意度调查样本数量进行筛选统计，得到的结果如表 7.11 所示。

表 7.11 不同居住片区满意度样本统计结果

居住小区	B 区	C 区	M 区	S 区
1（不满意）频数/人	1	2	1	0
2（不太满意）频数/人	12	14	16	13
3（一般）频数/人	10	15	14	11
4（比较满意）频数/人	9	8	5	13
5（满意）频数/人	3	2	3	5
总频数/人	35	41	39	42
满意度得分均值	3.028	2.954	2.925	3.238

由表 7.11 中的数据可以看出，该四个居住小区的居住满意度得分均值大小依次为 3.238（S 区）>3.028（B 区）>2.954（C 区）>2.925（M 区），其中 S 区的满意度得分均值超过了花果园社区的总体居住满意度得分（3.20），其他三个小区的得分均值低于总体居住满意度。

根据上述对各类影响指标的分析，结合调查问卷反馈题项，对造成这种空间差异的主要原因做出以下分析：S 区位于花果园社区西南部，造成受访者对该区域不满意的主要原因在于该区域远离社区中心，与其他区域相比，商业、娱乐等设施相对匮乏，加上该区域与小车河湿地公园相毗邻，周围生态资源丰富且环境相对安静，居民对生态性的预期需求超过了对商业、娱乐的预期需求，从而使得生态宜居效果在该小区的满意度占比较大。B、C、M

三个区域位于花果园社区核心地带，围绕花果园湿地公园，此类区域居民在商业、娱乐、医疗等设施方面可以得到较好的满足。但是正因为位于社区中部，此类区域内无论是通勤密集度还是建筑形式都比较繁杂，流动人口也较多，相对于 S 区来讲，会发生更复杂的交通堵塞、噪声污染等一系列问题。虽然社区中部临近湿地公园，但是面积有限，又因周围庞大的人流量，导致生态资源无法有效地共享，从而使此类区域的居民在生态宜居方面获得的满足感相对较弱，进而导致满意度也相对较弱。

7.5　建议与对策

本研究以贵阳花果园社区居民的居住满意度问卷调查数据为基础，采用网络问卷调查获得数据，对花果园社区居民的居住满意度及其影响因素与不同居住小区居住满意度在空间上的差异进行调查及分析。分析过程中运用描述性统计分析法、探索性因子分析方法、Pearson 直线相关性分析与回归分析法等，分别对贵阳花果园社区居民的居住满意度影响因素进行分析论证。结果发现，花果园社区居民的总体居住满意度为"一般"，居民对居住小区的整体满意度较低。本研究中所选取的 11 个细分满意度指标均对花果园社区居民的总体满意度产生影响，其中内外交通、小区绿化、邻里关系、环境卫生、物业服务等指标的满意度均值低于总体满意度，说明花果园社区这些方面仍然存在很多不足。花果园的区域位置优势，使得居民对商业设施、娱乐设施、医疗设施、教育设施等方面的满意度相对较高，这些指标对整个社区的居住满意度呈正向影响，其他指标影响不显著。居住满意度的空间差异较为明显。居住满意度较高的 S 区毗邻生态资源丰富的小车河湿地公园，该区域居民对生态宜居的满意度提高了小区的整体满意效果。其他区域在商业、娱乐等配套设施方面的满意度较高，然而由于生态资源共享不足，致使其满意度效果不及类似于 S 区拥有丰富生态资源的区域，从而说明社区的生态宜居程度是花果园社区居民对居住满意度评价的重要参考条件。

结合多种研究方法的分析以及调查问卷反馈题项的结果，本研究根据花果园社区居住满意度存在负向影响指标的情况，为花果园社区的居住满意度改善和提高提出几点建议与对策。

（1）改善道路交通路网的杂乱与不合理。通过本研究分析以及问卷访谈得到的有效反馈，很多居民表示花果园社区的路网系统覆盖虽广，但是由于该社区的建筑密度较高，人口密度也高，使得该社区的交通拥堵严重程度非常高，尤其是在通勤高峰时期。此外，根据相关性、探索性因子以及回归系数等多种分析方法的结果，小区内外交通对居住满意度的影响密切相关，所以花果园社区的道路交通改善是非常有必要的。

（2）提高社区内部的绿化覆盖面，且覆盖区域分布均匀。根据调查分析结果可知，花果园社区的总体绿化率很高，但是社区内部各小区的绿化程度远远不够。花果园立足于以宜居逸游为发展目标，并且从空间差异的分析结果也可看出，该社区居民对生态宜居的参考价值相对较高，所以让居民真真切切地感受到社区的生态宜居性是至关重要的。因此，增加社区绿化，丰富、均衡各小区的绿色空间是增强社区宜居性强有力的措施。

（3）关于邻里关系的提高，可以适当增加共享设施的建设。面对花果园社区密集、紧张的土地资源，大量建设调节邻里氛围的建筑是不太可能实现的，所以需要从现在已存在的设施中去发掘新途径。例如，在相邻的两户或多户住宅之间的公共区域，利用绿植来建造共享平台。人们都有相互交流的愿望，所以居民就可以通过这个共享空间进行交流，从而让邻里之间产生认同感，并且可以增强住宅的生态效果。

（4）改善小区环境卫生的管理制度，加强卫生检查工作。对于环境卫生方面出现的垃圾处理不及时、楼道路面脏乱、乱扔垃圾等现象，相关部门应加强管理，对小区卫生定期进行检查，提高管理水平；工作人员也应根据工作的分配管理好自己的辖区，定期及时清理垃圾；此外，加强居民保护环境卫生的意识也是关键。

（5）提高物业管理水平，强化物业工作人员的业务能力和职业素养，加大员工培训的力度，积极引进专业人才。从调查研究结果可知，物业管理在居住满意度中负向影响占比是比较明显的，物业费用收取的合理性以及物业服务质量的提高也是居住满意度提高的关键问题。

综上所述，提高居民的居住满意度是一个全方位的提升过程，改善负向影响因素，提升整个社区的居住满意度是花果园社区甚至整个城市都必须重视的。

由于多种因素的影响，本研究存在一些问题与不足，主要包括以下几个方面：

（1）本研究的研究主题尚有局限性。由于居住满意度概念的主观性和复杂性比较强，学术界至今未能统一完整的评价指标体系，因此，本研究所选取的满意度评价指标在代表性和专业性上可能不够充分，从而致使本研究的分析结果会存在滞后性、在一定程度上缺乏代表性等。

（2）本研究调查样本数量不够充足。尤其是具有主观性的反馈题项获得率相对较低，例如题项"您认为您现在居住的小区还有哪些需要改进的地方，请提出您的建议和期望"，部分受访居民会填写"无"或者"不知道"等无效反馈，所以导致调查数据的主观性和准确性受到一定程度的影响。

（3）因获得的受访者数据分布比较分散，未能在花果园巨型社区均匀分布，且又因样本数量不充足，导致分析结果无法有效地覆盖花果园社区所有小区的具体情况，只能选取样本数量获取较多的居住小区进行分析，导致结果可能存在一定的片面性。

本章参考文献

[1] DEKKER K, BOLT G. Social cohesion in post-war estates in the Netherlands：Differences between socioeconomic and ethnic groups ［J］. Urban Studies, 2005, 42 （13）：2447-2470.

[2] 何泽军，王耀，李莹. 新型农村社区居民居住满意度感知维度分析 ［J］. 河南社会科学，2018, 26 （9）：82-88.

[3] SPEARE A. Residential satisfaction as an intervening variable in residential mobility ［J］. Demography, 1974, 11 （2）：173-188.

[4] AMÉRIGO M, ARAGONÉS J I. A theoretical and methodological approach to the study of residential satisfaction ［J］. Journal of Environmental Psychology, 1997, 17 （1）：47-57.

[5] LU M. Determinants of residential satisfaction：Ordered logit vs. regression models ［J］. Growth and Change, 1999, 30 （2）：264-287.

[6] KAHANA E, LOVEGREEN L, KAHANA B, et al. Person, environment, and person-

environment fit as influences on residential satisfaction of elders〔J〕. Environment and Behavior, 2003, 35（3）：434-453.

［7］ PARIS D E, KANGARI R. Multifamily affordable housing：Residential satisfaction〔J〕. Journal of Performance of Constructed Facilities, 2005, 19（2）：138-145.

［8］ MOHIT M A, IBRAHIM M, RASHID Y R. Assessment of residential satisfaction in newly designed public low-cost housing in Kuala Lumpur, Malaysia〔J〕. Habitat International, 2010, 34（1）：18-27.

［9］ DEKKER K, DE VOS S, MUSTERD S, et al. Residential satisfaction in housing estates in European cities：A multi-level research approach〔J〕. Housing Studies, 2011, 26（4）：479-499.

［10］ LEE E, PARK N K. Perceived cultural housing differences and residential satisfaction：a case study of Korean sojourners〔J〕. Family and Consumer Sciences Research Journal, 2012, 41（2）：131-144.

［11］ JANSEN S. The impact of the have-want discrepancy on residential satisfaction〔J〕. Journal of Environmental Psychology, 2014, 40：26-38.

［12］ GAN X, ZUO J, BAKER E, et al. Exploring the determinants of residential satisfaction in public rental housing in China：A case study of Chongqing〔J〕. Journal of Housing and the Built Environment, 2019, 34（3）：869-895.

［13］ HESARI E, PEYSOKHAN M, HAVASHEMI A, et al. Analyzing the dimensionality of place attachment and its relationship with residential satisfaction in new cities：The case of Sadra, Iran〔J〕. Social Indicators Research, 2019, 142（3）：1031-1053.

［14］耿媛元. 居住区居住满意度的评价及方法〔J〕. 清华大学学报（哲学社会科学版），1999（4）：79-85.

［15］何立华，杨崇琪. 城市居民住房满意度及其影响因素〔J〕. 公共管理学报，2011, 8（2）：43-51, 125.

［16］ LI Z, WU F. Residential satisfaction in China's informal settlements：A case study of Beijing, Shanghai, and Guangzhou〔J〕. Urban Geography, 2013, 34（7）：923-949.

［17］湛东升，孟斌，张文忠. 北京市居民居住满意度感知与行为意向研究〔J〕. 地理研究，2014, 33（2）：336-348.

［18］闪晓光，李早. 基于决策树分析的居住区公共服务设施配置与居民满意度研究〔J〕. 合肥工业大学学报（自然科学版），2015, 38（10）：1374-1380.

［19］李海波. 保障房居住满意度影响因素及城际差异实证研究〔J〕. 经济研究参考，

2018（50）：11–19.

[20] 李进涛，王一．基于 Meta 回归的保障性住房居住满意度研究 [J]．湖北工业大学学报，2018，33（6）：88–93.

[21] 王涛，李君，李立晓，等．多民族共生村落农户居住空间满意度研究：以云南省洱源县郑家庄为例 [J]．资源开发与市场，2019，35（9）：1138–1144.

[22] 钟异莹，邵毅明，陈坚．考虑出行环境的居住满意度结构方程模型 [J]．交通运输系统工程与信息，2020，20（1）：130–136.

[23] 赵东霞．城市社区居民满意度模型与评价指标体系研究 [D]．大连：大连理工大学，2010.

[24] CANTER D. The Psychology of Place [M]. London：Architectural Press，1977.

[25] GALSTER G C，HESSER G W. Residential satisfaction：Compositional and contextual correlates [J]. Environment and Behavior，1981，13（6）：735–758.

[26] 李茜．基于环境心理的高层住区外部空间环境研究 [J]．合肥工业大学学报（社会科学版），2014，28（5）：112–116.

[27] MATTILA A S，RO H. Customer Satisfaction，Service Failure，and Service Recovery [C] //OH H，PIZAM A. Handbook of Hospitality Marketing Management. New York：Butterworth-Heinemann，2008：296–323.

[28] 中国产业经济信息网．“亚洲超级大盘”吸引人口流入　助力贵阳“逆袭”GDP 排行榜 [Z/OL]．（2018–04–28）[2020–04–12]．http：//www. cinic. org. cn/hy/zh/432493. html．

[29] 多彩贵州网．全国最大棚户区改造项目花果园，已入住 43 万余人 [Z/OL]．（2019-07-19）[2020-04-12]．http：//www. gog. cn/zonghe/system/2019/07/19/017316791. shtml.

[30] 周健民，沈仁芳．土壤学大辞典 [M]．北京：科学出版社，2013.

[31] 李俊峰，高凌宇，马作幸．跨江择居居民的居住满意度及影响因素：以南京市浦口区为例 [J]．地理研究，2017，36（12）：2383–2392.

[32] 顾远萍，丁俊杰．吉林省城市形象影响因素研究：基于公众感知的探索性因子分析 [J]．广告大观（理论版），2018（4）：72–76.

[33] 申悦，傅行行．社区主客观特征对社区满意度的影响机理：以上海市郊区为例 [J]．地理科学进展，2019，38（5）：686–697.

[34] 夏泳．营销数据的统计建模及分析 [D]．南京：东南大学，2016.

[35] 张虎，田茂峰．信度分析在调查问卷设计中的应用 [J]．统计与决策，2007（21）：25–27.

［36］解坤，张俊芳．基于 KMO-Bartlett 典型风速选取的 PCA-WNN 短期风速预测［J］．
　　　发电设备，2017，31（2）：86-91.

［37］钱瑛瑛，郑莎女．上海市公租房居住满意度及其影响因素研究［J］．上海房地，
　　　2018（8）：51-55.

第8章

同城非本社区居民对巨型开放性社区
人居环境认知及满意度评价
——以贵阳花果园社区为例

8.1 研究数据与研究方法

　　巨型开放性社区的形象与声望是一个复杂的综合体，也是社区软实力的体现，社区的形象受空间建设、景观规划、交通道路、生活环境等多种因素的影响。现阶段，中国的城镇化飞速发展，意味着有大量的乡村居民向城市转移，再加上一些城市的开发建设一味追求"宽""大""新"，造成了土地利用粗放、人口密度偏低以及产业与人口不集聚等一系列问题，城市建设所需的土地更加稀缺。为提高国土空间利用效率，在资源环境承载能力下可选择城市紧凑发展。花果园社区正是在这种背景下规划和建设的高密度巨型开放性社区，因为项目体量较大，影响深远，也广受媒体关注和宣传。花果园社区在贵阳是一个知名度很高的社区，贵阳居民对花果园社区的看法不一，不同群体认知差距较大。

　　高密度巨型开放性社区的开发建设是否受到所在城市其他居民的认可，同城非本社区居民对其人居环境的认知及满意度如何，在很大程度上反映了贵阳花果园社区在城市中的形象与声望，也反映了巨型开放性社区规划建设是否合理、此种社区是否适合在城市推广以及同城居民是否愿意搬迁或移居到此类型社区。因此，开展针对同城非本社区居民的贵阳花果园社区人居环境的认知与满意度调查是很有必要的。本章以基本完成从破旧棚户区到高容积率、高密度、高高度巨型社区转变的花果园社区为调查目的地，在居民对城市紧凑发展的巨型开放性花果园社区进行空间认知的基础上，对人居环境质量满意度进行描述性现状分析，再结合花果园社区的实际情况，运用统计学软件建立数据文件，分析花果园社区人居环境的满意度现状，系统研究紧凑综合性巨型开放性社区（如花果园社区）人居环境存在的问题及优化方法，进一步根据认知结果对花果园社区提出改进措施与建议。

　　城市空间感知是指人体感觉器官获得关于空间现象的认识。认知则通过"记忆""推论"等方法，使得感觉、知觉、表象等感性认识因素上升为概念、推理、意义等理性认识因素，将个体事实推演至整个群体。认知城市是城市空间感知的重要阶段，即城市印象（知觉），在此阶段获得的空间因素的基础上，评价成为结合认识者价值观对空间的性能与作用的评判，这是认识的高级阶段，也是进行进一步干预规划的基础。[1]

在国外对城市认识的研究发展中，不仅联系实际的空间元素进行相关的空间拓扑变形分析，还重视地理学、民族志学等社会科学与人进行相关的空间研究，注重从不同角度深层次研究居民需求要素与城市认知的差异，在社区的发展中以居民的感知和需求相结合进行空间发展[2,3]。国内相关研究已经相对成熟，基于居民对某空间人居环境质量的感知，多以 GIS 进行空间分析辅加问卷的形式进行公众认知分析，基于不同人口特征从经济、社会、文化、环境等多个方面进行测度分析，以受访者的性别、学历、收入等社会认知学为问卷的切入点，探讨居民主观感知及评价。

我国最开始对空间感知的研究发表于 20 世纪 80 年代，当时国内调查不易、样本少，使得我国的实证较少。徐放[4]研究居民通过道路网和建筑体对赣州城市结构的认知，研究手段主要以问卷调查为主，在当时文化程度普及不高的年代，问卷的回收率相对较低。胡振宇、曹有挥[5]从居民心理角度结合居民感知开展调查，实证分析芜湖市天门新区居民居住空间选择偏好。

空间认知研究的理论支撑多为以凯文·林奇的城市意向理论为基础[6]，对空间认知的指引方法在很长时间里也大多以问卷方式为主要的调查手段，以凯文·林奇的理论为辅助，缺乏技术上的空间分析，其中纸质问卷发放及意象地图绘制存在反馈数据回收较难的问题，在研究中以现状描述分析为主。20 世纪 60 年代，GIS 被国外学者用来进行空间认知研究，而我国直到 21 世纪初与 GIS 相关的空间认知问题才引起学者的关注。进入 21 世纪后，电子地图、遥感图像、虚拟地理环境技术的成熟以及王家耀院士提出土地空间认知基本过程理论，在很大程度上推动了我国的空间认知研究的发展。在理论研究中，对居民感知的调查，与以往相比的最大不同在于空间分析技术的改变。在居民感知调查中，依然采用问卷和构图的方式，只是问卷的发放在网络上进行，相较以往的纸质问卷更加便捷，并且提高了回收率、扩大了覆盖层次。陈梦远、徐建刚[7]运用空间数据处理和建模分析对南京城市意象热点空间特征进行了系统的分析；唐晓云[8]对古村落居民的感知进行了调查分析，研究在旅游方面的居民感知类型和影响因素，在对居民感知观主要研究分析选取后，以问卷调查为主对广西龙脊的平安寨进行理论研究；张佳伟[9]在呈坎村街巷空间认知研究中，以前期资料和实地调研资料为基础，通过问卷调查对空间认知展开研究；丁瑜、李爽[10]在广州花城广场意象研究中运用意象地图进行了公众感知比较；李渊、高小涵[11]通过问卷调查获知鼓浪屿居民的感知度并进行空间分析。

基于人居环境满意度的调查，科学分析某个地区是否和谐、舒适、安全、便利，是一个具有可感知的参数合集[12]，可作为某居住区是否具有可居性的一个依据。"人居环境"是从居民本身出发，一切为居民使用、服务的各种设施和心理感受的总和[13]。人居环境的研究方法有论述性研究、调查研究，其中论述性研究主要包括人居环境的现状、改善的方法措施、对人类生产生活的影响及提高人居环境质量的措施；调查研究通过问卷调查或其他的方式收集数据，最后分析给出结论和建议[14]。

欧美国家因为工业革命的爆发、经济快速发展，所以对人居环境开始重视。这个时期人居环境理论开始出现，坚持以人为本的核心思想，以建成一个能够满足人类工作、学习、生活、交往的整体环境[15]。1929年，美国提出城市的建设在干线公路的辅助下划出一定的用地范围进行舒适便捷的居住环境建设，满足一定的人口规模进行居住生活。国内对于人居环境的研究起步相对较晚，随着近几年国内各种理论和技术的完善和发展，我国城市人居环境研究逐步发展，人居环境指标体系逐步完善，例如，李王鸣、叶信岳、孙于[16]提出的城市人居环境评价指标体系，刘绍峰[17]提出的东北地区城市人居环境综合评价指标体系，黄正文、张斌[18]提出的城市人居环境评价指标体系。又如，陈浮等[19]对南京市城市人居环境与满意度评价的研讨；李伯华、杨森、窦银娣[20]在对湖南省衡阳市鄱湖乡3村262家农户的访谈和问卷调查的基础上，利用模糊综合评价法对城市边缘区人居环境满意度进行评价；李洪伟、曹玉翠[21]利用SPSS 20.0软件对收集的调研数据进行描述性统计分析并进行信度检验，运用因子分析法提取了智慧城市市民抱怨、智慧城市感知质量、智慧城市感知价值、智慧城市发展水平和智慧城市预期五个公因子，作为智慧城市建设满意度的关键影响因素；武靓、丁慧芳、段永蕙[22]通过对太原市保障性住房小区进行调查分析，建立太原市保障性住房小区人居环境满意度评价指标体系，使用SPSS 21.0进行描述性统计，并运用熵值法得出保障性住房小区的满意指数及指标排序，开展居民的居住状况、小区环境、公共配套与交通可达性等方面的满意度研究。

　　通过对文献的深入了解可知，在对人居环境满意度调查数据分析中，通过建立数据库的方式，能够对数据进行有用的定性和定量的分析，分析方法有描述性统计分析、因子分析、方差分析、交叉卡方分析等，可相应地对多组人群进行探索性分析，总结得出具有整合性、真实性、可参考性的人居环境满意度调查分析结果。

　　综上所述，在现有的研究成果中，利用社会公众满意度进行相关居住环境研究的较多，而对于巨型开放性社区建设满意度深层影响的研究成果较少，所以对于花果园社区城市空间认知研究过程中的调查评价部分有着很好的参考价值。本次空间认知研究以论述性研究和调查研究为主要方法，对社区整体的空间规划建设、基础设施、绿色环境、经济环境、娱乐休闲设施进行研究，分析花果园社区空间形态与居民生活感受，以非花果园社区居民作为研究主体进行网络问卷调查，探究不同社会群体对贵阳花果园建设在个人因素和非个人因素下不同空间构成要素的评价，有利于探究巨型开放性社区需要解决的问题及居民的需求。结合各社会阶层居民的价值认知和居民对生活空间的期望，思考花果园社区居住空间存在的问题，为巨型社区的规划管理提供一些有针对性的参考建议。

　　本章通过对国内外相关文献的梳理解读，对空间认知、巨型开放性社区、人居环境质量等研究角度进行归纳总结，选用论述性研究和调查研究相结合的方法，建立花果园人居环境认知研究的主要研究框架，进而对花果园社区人居满意度测评进行问卷设计。

　　在数据收集处理和分析阶段，侧重使用定量研究的研究方法，在收集各种平台关于花果园社区相关资料的基础上，结合花果园社区的实际情况开展实际调查研究，力求研究具有一定的客观、翔实的依据。运用相关软件对问卷进行统计分析，如利用 SPSS 20.0 软件，在确定评价因子后，对问卷数据进行分类处理，得到居民对花果园社区的空间认知及评价。最后结合花果园社区实际的空间环境格局得出相关的结论，提出相应对策和建议。

8.1.1　问卷内容设计

　　基于居民对花果园社区城市空间的认识，在感知、认知、评价三个阶段

193

完成后得到评价数据。评价数据可反映出受访者对花果园社区空间环境的感知评价态度，以及花果园社区规划建设满足城市居民综合需求的程度。不同个体的统计因素差异可直接影响结论的分析，如受访者的年龄、性别、受教育程度、月收入、对花果园社区游访时间和次数等。在精神和价值观层面，居民个体的生活习惯和精神生活差异都将影响居民对空间认识的感知、认知、评价。

调查问卷的内容包括两大部分，第一部分为关于社会属性人口特征的统计收集，包括性别、年龄、学历和月收入；第二部分为关于对空间认知的 10 个大问题。其中，花果园社区空间建设满意度评价项目包括城市功能分布、各功能区的土地利用情况、区内的高密度性与适居性、建筑体态是否和谐、配套基建情况等；花果园社区交通情况满意度评价项目包括公共交通、停车、路线和车道使用情况等；花果园社区景观规划满意度评价项目包括自然景观、人文景观、街景等；花果园社区生活环境舒适性满意度评价项目包括水环境、声环境、气体环境、生活垃圾；其他项目包括是否考虑居住在花果园社区、是否推动花果园社区建设为优质社区代表和其他建议等调查内容。

8.1.2　评价指标体系构建

花果园社区人居环境质量满意度评价指标是评价花果园社区环境是否舒适、和谐、方便等的一套认知参数集合，是公众评价花果园社区环境质量满意度的重要依据。在本次花果园社区空间认知调查中涉及的评价因子较多，包括花果园社区区域内的土地建设情况、景观、内外交通、生活环境因素等。

本次对花果园社区人居环境的调查从公众感受出发，从花果园区域建设环境是否满足人民物质和精神生活的需要出发，使用以人为主的评价指标，遵循调查内容的全面性、独立性、以人为本及可操作性的原则。全面性要求指标反映对花果园社区空间的全面认知，尽可能覆盖环境的各个方面；独立性指受访者对问卷内容独立做出回答；以人为本指凸显居民的个体认知到整体认知；可操作性指数据收集易获得并易计算[23]。

为了更加全面地反映居民对贵阳花果园社区的空间认识评价及便于数据分析，问卷中的一些问题选项采用了李可特 5 分量表，设定了五个评价等

级："很不满意"（1分）、"不太满意"（2分）、"一般"（3分）、"比较
满意"（4分）、"非常满意"（5分）。因问卷调查范围为非花果园社区居民，
可能存在通过互联网或者其他方式对花果园社区认知不够全面的情况，所以
问卷中增加了一个"不了解"（不计分）的选项，使得数据收集相对真实。
在上述原则的指导下，将花果园社区的人居环境质量设置为一级指标，反映
非花果园社区居民对花果园社区的空间满意度的总体评价；选择了花果园社
区空间建设、景观规划、交通情况、生活环境为二级评价指标。再将 4 个二
级指标分为 26 个三级指标，构成花果园社区的人居环境评价指标体系（见
表 8.1）。

表 8.1　花果园社区人居环境评价指标体系

一级指标（A）	二级指标（B）	三级指标（C）
花果园社区人居环境质量（A）	空间建设（B1）	城市功能区分布（C1）、功能区土地利用（C2）、高密度性与适居性（C3）、建筑体态和谐（C4）、配套基建（C5）、采光（C6）
	景观规划（B2）	绿色植被覆盖率（C7）、周围自然环境综合评价（C8）、公园、广场等人工景观（C9）、历史人文景观（C10）、街景（C11）
	交通情况（B3）	公共交通出行（C12）、专用车道使用状况（C13）、停车位建设（C14）、交通信号灯配时（C15）、公交线路设计及站点（C16）、区域交通通畅整体评价（C17）
	生活环境（B4）	废水、污水处理情况（C18）、湿地（C19）、无生活噪声干扰（C20）、无机动车噪声干扰（C21）、无施工、生产活动和其他振动干扰（C22）、通风良好（C23） 周围空气良好、无臭气或有害气体来源（C24）、生活垃圾转运站位置合理程度（C25）、生活垃圾运输与转运（C26）

8.1.3　调查对象选定

本次调查的对象以非花果园社区的居民为主，把花果园社区的客观物质

形态与人的主观认知感受相关联。问卷发放人群选定为花果园周边居民、在花果园工作且非居住者及游访人员等。由于各种主客观条件不可能达到全面普查，为保证调查样本的选择能够更加全面地反映非花果园社区居民对花果园社区的空间认知，将以花果园周边居民、学生、务工人员等为分层抽样的主体。

8.2 样本分析

8.2.1 问卷数据样本分析

调查时间为 2020 年 3 月和 4 月，共计发放问卷 220 份，通过在线回收审核有效问卷 220 份。对问卷反馈数据利用 SPSS 20.0 统计分析软件进行录入统计并分析。其中，男性 92 人，占被调查人数的 41.82%；18~29 岁人群为主要调查人群，占 74.09%；本科学历占 68.18%，在进行人居环境满意度评价时能较好地反映实际情况；月收入 1500 元以下者占 42.27%，月收入 3000~5999 元者占 27.27%（见表 8.2）；曾游访过花果园社区有实际感受体验者占 73.18%。

表 8.2 花果园社区认知调查样本

年龄/岁	<18	18~29	30~49	≥50
构成（%）	7.73	74.09	12.73	5.45
文化程度	初中及以下	高中、中专、技校	本科	研究生以上
构成（%）	3.64	21.82	68.18	6.36
月收入/元	<1500	1500~2999	3000~5999	≥6000
构成（%）	42.27	18.18	27.27	12.27

8.2.2 信度分析及相关性分析

对问卷的信度检测是进行调查分析的入门步骤，可直接判断问卷回收数

据的有效性、信度质量。在本次李克特量表较多的问卷设计中，多信度的估计多采纳克龙巴赫 α 系数。本次问卷数据借助 SPSS 20.0 软件进行计算，2 个部分的克龙巴赫 α 系数分别为 0.909 和 0.955，综合说明数据信度质量高，可用于进一步分析（见表 8.3）。

表 8.3　可靠性统计量

克龙巴赫 α 系数	部分 1	值	0.909
		项　数	20
	部分 2	值	0.955
		项　数	20
表格之间的相关性		总项数	40
		值	0.860
斯皮尔曼–布朗（Spearman-Brown）系数		等　长	0.925
分半信度（Guttman Split-Half）系数		不等长	0.9

　　由于本次问卷调查针对的是非居住在花果园社区的居民，回答问卷的受访者有的未去过花果园社区，其对花果园的了解来源于网络、资料或者朋友的讲述。为了切实分析出受访者对花果园人居环境的满意度，对不同的变量需进行相关性分析。本章采用 Pearson 相关系数，相关系数绝对值越接近于 1，相关度越强；相关系数越接近于 0，相关度越弱[25]。以 "您是否去过花果园社区" 为变量对花果园的满意度评价总分进行相关性分析。利用相关分析的思想，可以将未去过花果园的受访者人居环境满意度打分情况进行分析，看是否影响总体人居环境满意度指标。在本次相关性分析结果中，"您是否去过花果园社区" 和总分的相关系数为 0.188，接近于 0，相关度较弱。所以，未去过花果园者的满意度评价与总体满意度评价没有太大的相关性，对此在以下分析中不必再单独进行分析，可纳入综合分析（见表 8.4）。

197

表 8.4　相关性分析

项　　目	相关性	您是否去过 花果园社区	总　分
您是否去过贵阳花果园社区？	Pearson 相关性	1	0.188[①]
	显著性（双侧）	—	0.005
	N	220	220
总体满意度	Pearson 相关性	0.188[①]	1
	显著性（双侧）	0.005	—
	N	220	220

① 相关性在 0.01 上是显著的。

8.2.3　评价分析方法

在对收集的花果园社区人居环境满意度评价数据进行分析时，采用频数分析、描述性分析归纳，概括出花果园社区人居环境建设的成果及量表，直观表现出花果园社区人居环境满意度评价数据。由于对花果园社区问卷采用了李克特 5 分量表设定了五个评价等级，文献阅读发现在以往的研究中对满意度进行的相关研究多使用描述性统计分析，因此本章分析也以描述性统计分析为主要分析方法，同时采用了相关性分析、方差分析、响应率分析、频数分析等方法。

8.3　分析结果

本部分根据花果园社区的实际规划愿景、现状和问卷数据，分析花果园社区的人居环境，包括空间建设分析、景观规划分析、交通情况分析、生活环境分析及针对不同社会属性的人口统计特征对花果园满意度评价分析和评价指标整合分析。运用 SPSS 20.0 整理 220 份问卷中花果园社区人居环境评价 26 个三级指标满意度选项（"非常满意""比较满意""一般""不太满意""很不满意""不了解"）的频数和权重，进行描述性统计。其中，极小值、极大值均分别 0 和 5，有效份数为 220 份。在三级指标分析完成后分析二级指标和一级指标。

8.3.1 空间建设分析

通过对花果园社区空间建设满意度评价反馈的数据进行统计分析（见表 8.5）可知，三级评价指标的评价打分频数均主要分布在"不太满意"（2分）和"一般"（3分）；对花果园城市功能区分布的满意度评价多趋于"不太满意"（占 27.73%），平均值为 2.18；对功能区土地利用的满意度评价多趋于"一般"（占 31.36%），平均值为 2.17；对高密度性与适居性的满意度评价多趋于"不太满意"（占 19.55%），平均值为 2.52；对建筑体态和谐的满意度评价多趋于"一般"（占 24.55%），平均值为 2.39；对配套基建的满意度评价多趋于"不太满意"（占 28.18%），平均值为 2.20；对采光的满意度评价多趋于"不太满意"（占 26.36%），平均值为 2.52。由此可见，受访者对贵阳花果园社区的空间规划结构和功能布局的评价满意度较低，花果园社区空间建设的多功能和多样性混合程度较低。花果园社区空间规划满意度评价高低排名为：高密度性与适居性（2.52 分）和采光（2.52 分）、建筑体态和谐（2.39 分）、配套基建（2.20 分）、城市功能区分布（2.18分）、功能区土地利用（2.17 分）。

表 8.5 空间建设三级指标（C1~C6）数据统计

指　　标	非常满意	比较满意	一　般	不太满意	很不满意	不了解	平均值
城市功能区分布（C1）	13 (5.91%)	28 (12.73%)	49 (22.27%)	61 (27.73%)	34 (15.45%)	35 (15.91%)	2.18
功能区土地利用（C2）	14 (6.36%)	16 (7.27%)	69 (31.36%)	54 (24.55%)	29 (13.18%)	38 (17.27%)	2.17
高密度性与适居性（C3）	32 (14.55%)	38 (17.27%)	41 (18.64%)	43 (19.55%)	34 (15.45%)	32 (14.55%)	2.52
建筑体态和谐（C4）	18 (8.18%)	35 (15.91%)	54 (24.55%)	50 (22.73%)	33 (15.00%)	30 (13.64%)	2.39

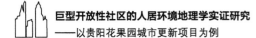

续表

指　标	非常满意	比较满意	一　般	不太满意	很不满意	不了解	平均值
配套基建 （C5）	16 （7.27%）	21 （9.55%）	53 （24.09%）	62 （28.18%）	36 （16.36%）	32 （14.55%）	2.20
采光 （C6）	21 （9.55%）	37 （16.82%）	53 （24.09%）	58 （26.36%）	26 （11.82%）	25 （11.36%）	2.52

通过花果园空间建设现状（见第1章1.3.1）及问卷反馈，得出花果园社区的空间建设整体的评价情况如下：

（1）花果园巨型社区资源利用和环境开发强度较高。花果园社区多以商住高层建筑为主体，使得花果园社区容积率偏高，建筑的集聚密度影响着花果园社区医疗、教育、休闲及金融商贸服务功能的发挥。花果园社区中各公共服务设施分布较散，服务设施的可步行性较低。

（2）以湿地公园为单核心式的建设布局，商业、文化、娱乐中心过于集中在湿地周围。

（3）花果园社区现代化建筑密集度高，写字楼较为封闭压抑，住宅的人文性建设尚待完善，低层住户采光不理想，底层环境潮湿，空气流通性不好，光线暗，小区内部缺乏足够的体育设施、娱乐场地、老年人活动场所及文化交流空间等。

（4）虽然建筑体态和谐的评价相对高一些，但建筑风格也影响居民对建筑体态和谐的评价，如欧式风格、中式风格以及现代风格均存于花果园巨型社区。

8.3.2　景观规划分析

通过对花果园社区景观规划满意度评价反馈的数据进行统计分析（见表8.6）可知，三级评价指标的评价打分频数主要集中在"一般"（3分）；对花果园绿色植被覆盖率的满意度评价多趋于"一般"（23.64%），平均值为2.53；对周围自然环境综合评价的满意度评价多趋于"一般"（28.64%），平均值为2.50；对公园、广场等人工景观的满意度评价多趋于"不太满意"

（25.91%），平均值为2.30；对历史人文景观的满意度评价多趋于"一般"
（20.91%），平均值为2.76；对街景的满意度评价多趋于"不太满意"
（29.55%），平均值为2.24。花果园社区景观规划满意度评价高低排名为：
历史人文景观（2.76分），绿色植被覆盖率（2.53分），周围自然环境综合
评价（2.50分），公园、广场等人工景观（2.30分），街景（2.24分）。

表8.6 景观规划三级指标（C7~C11）数据统计

选 项	非常满意	比较满意	一 般	不太满意	很不满意	不了解	平均值
绿色植被覆盖率（C7）	26（11.82%）	37（16.82%）	52（23.64%）	42（19.09%）	39（17.73%）	24（10.91%）	2.53
周围自然环境综合评价（C8）	19（8.64%）	35（15.91%）	63（28.64%）	49（22.27%）	29（13.18%）	25（11.36%）	2.50
公园、广场等人工景观（C9）	15（6.82%）	29（13.18%）	52（23.64%）	57（25.91%）	44（20.00%）	23（10.45%）	2.30
历史人文景观（C10）	41（18.64%）	41（18.64%）	46（20.91%）	33（15.00%）	34（15.45%）	25（11.36%）	2.76
街景（C11）	17（7.73%）	24（10.91%）	45（20.45%）	65（29.55%）	46（20.91%）	23（10.45%）	2.24

总结花果园社区的景观规划愿景、现状（见第1章1.3.2）及问卷反馈，
得出花果园的景观规划的满意度评价不是很高，景观建设的整体评价情况
如下：

（1）密集的钢筋混凝土高层建筑使公园、绿地被压缩包围，花果园社区
内休闲用生态空间狭小，生态环境质量较低，50万 m² 自然山体公园未进行
合理的规划开发，多为原始自然状态，居住区内能真正感受的绿化只有区内
的花果园湿地公园及只可远观的山体公园。

（2）小区内部缺少各种休闲、娱乐、锻炼、文化交流空间。

（3）居住小区硬化路面的面积较大，缺少中庭景观改善小区内部的
绿化。

（4）花果园社区的道路两侧缺少景观树的点缀，使得街景质量较差。

8.3.3　交通情况分析

通过对花果园社区交通情况满意度评价反馈的数据进行统计分析（见表8.7）可知，三级评价指标的评价打分频数主要分布在"一般"（3分）和"不太满意"（2分）。对公共交通出行的满意度评价多趋于"一般"（22.73%），平均值为2.48；对专用车道使用状况的满意度评价多趋于"一般"（23.18%）和"不太满意"（23.18%），平均值为2.48；对停车位建设的满意度评价多趋于"一般"（26.36%），平均值为2.49；对交通信号灯配时的满意度评价多趋于"不太满意"（25.91%），平均值为2.40；对公交线路设计及站点的满意度评价多趋于"一般"（25.00%）和"不太满意"（25.00%），平均值为2.37；对区域交通通畅整体评价的满意度评价多趋于"一般"（23.64%），平均值为2.56。花果园社区交通情况满意度评价高低排名为：区域交通通畅整体评价（2.56分）、停车位建设（2.49分）、公共交通出行和专用车道使用状况（均为2.48分）、交通信号灯配时（2.40分）、公交线路设计及站点（2.37分）。

表8.7　交通情况三级指标（C12~C17）数据统计

选　项	非常满意	比较满意	一　般	不太满意	很不满意	不了解	平均值
公共交通出行（C12）	22 (10.00%)	42 (19.09%)	50 (22.73%)	38 (17.27%)	42 (19.09%)	26 (11.82%)	2.48
专用车道使用状况（C13）	21 (9.55%)	40 (18.18%)	51 (23.18%)	51 (23.18%)	26 (11.82%)	31 (14.09%)	2.48
停车位建设（C14）	21 (9.55%)	38 (17.27%)	58 (26.36%)	44 (20.00%)	28 (12.73%)	31 (14.09%)	2.49
交通信号灯配时（C15）	17 (7.73%)	32 (14.55%)	56 (25.45%)	57 (25.91%)	32 (14.55%)	26 (11.82%)	2.40
公交线路设计及站点（C16）	18 (8.18%)	31 (14.09%)	55 (25.00%)	55 (25.00%)	33 (15.00%)	28 (12.73%)	2.37

续表

选　项	非常满意	比较满意	一　般	不太满意	很不满意	不了解	平均值
区域交通通畅整体评价（C17）	31（14.09%）	33（15.00%）	52（23.64%）	45（20.45%）	31（14.09%）	28（12.73%）	2.56

　　总结花果园的交通规划愿景、现状（第1章1.3.3）及问卷反馈，得出花果园交通的整体评价情况，花果园的交通整体情况不佳，道路拥堵现象严重，交通情况的整体评价情况如下：

　　（1）道路规划布局不合理，进出花果园小区的车辆都集中通过花果园大街。

　　（2）小区内部区域路网交通不尽完善，各小区之间未形成完整且均衡的交通路网，增加了交通消耗。

　　（3）较多小汽车停在道路旁，加剧了花果园社区道路堵塞状况，停车位覆盖需完善。

　　（4）公共交通线路需统筹协调。

　　对居民关于花果园社区交通改善方法支持率的数据运用 SPSS 20.0 进行响应率分析得到，对部分道路支路路网改造的支持率为 66.36%，对增加停车泊位的支持率为 60.91%，对科学规划商业中心、居民小区选址的支持率为 58.64%，对提高公共交通出行分担率的支持率为 58.18%，对交通密集区域实施单向通行的支持率为 56.82%，对其他措施的支持率为 20.91%。由此可见，大部分民众支持通过部分道路支路路网改造、增加停车泊位、提高公共交通出行分担率等几个方面的措施来解决花果园交通拥堵问题（见表8.8）。

表 8.8　响应率和普及率汇总

项　目	响　应		普及率（%）（N=220）
	N	响应率（%）	
科学规划商业中心、居民小区选址	129	18.22	58.64
部分道路支路路网改造	146	20.62	66.36
交通密集区域实施单向通行	125	17.66	56.82

续表

项　目	响　应		普及率（%）（N＝220）
	N	响应率（%）	
增加停车泊位	134	18.93	60.91
提高公共交通出行分担率	128	18.08	58.18
其他措施	46	6.50	20.91

8.3.4　生活环境分析

生活环境分析包括对水环境、声环境、气环境及生活垃圾四个方面的分析。

通过对花果园社区生活环境情况满意度评价反馈数据进行统计分析（见表8.9）可知，三级指标的打分频数主要分布在"一般"（3分）。对废水、污水处理情况的满意度评价多趋于"不了解"（25.45%），平均值为2.06；对湿地的满意度评价趋于"不太满意"（29.09%），平均值为2.18；对无生活噪声干扰的满意度评价多趋于"比较满意"和"不太满意"（均为20.45%），平均值为2.63；对无机动车噪声干扰的满意度评价多趋于"一般"（21.82%），平均值为2.65；对无施工、生产活动和其他振动干扰的满意度评价多趋于"一般"和"不太满意"（均为20.45%），平均值为2.41；对通风良好的满意度评价多趋于"一般"（25.91%），平均值为2.35；对周围空气良好、无臭气或有害气体来源的满意度评价多趋于"不太满意"（26.82%），平均值为2.38；对生活垃圾转运站位置合理程度的满意度评价多趋于"不太满意"（25.45%），平均值为2.10；对生活垃圾运输与转运的满意度评价多趋于"一般"（25.91%），平均值为2.11。

表8.9　生活环境三级指标（C18～C26）数据统计

选　项	非常满意	比较满意	一　般	不太满意	很不满意	不了解	平均值
废水、污水处理情况（C18）	16（7.27%）	25（11.36%）	55（25.00%）	41（18.64%）	27（12.27%）	56（25.45%）	2.06

续表

选　项	非常满意	比较满意	一　般	不太满意	很不满意	不了解	平均值
湿地（C19）	13 （5.91%）	24 （10.91%）	49 （22.27%）	64 （29.09%）	43 （19.55%）	27 （12.27%）	2.18
无生活噪声 干扰（C20）	31 （14.09%）	45 （20.45%）	44 （20.00%）	45 （20.45%）	22 （10.00%）	33 （15.00%）	2.63
无机动车噪声 干扰（C21）	31 （14.09%）	44 （20.00%）	48 （21.82%）	40 （18.18%）	29 （13.18%）	28 （12.73%）	2.65
无施工、生产 活动和其他 振动干扰 （C22）	22 （10.00%）	42 （19.09%）	45 （20.45%）	45 （20.45%）	28 （12.73%）	38 （17.27%）	2.41
通风良好 （C23）	21 （9.55%）	27 （12.27%）	57 （25.91%）	52 （23.64%）	30 （13.64%）	33 （15.00%）	2.35
周围空气良好、 无臭气或有 害气体来源 （C24）	18 （8.18%）	34 （15.45%）	50 （22.73%）	59 （26.82%）	29 （13.18%）	30 （13.64%）	2.38
生活垃圾 转运站位置 合理程度 （C25）	15 （6.82%）	22 （10.00%）	54 （24.55%）	56 （25.45%）	25 （11.36%）	48 （21.82%）	2.10
生活垃圾 运输与转运 （C26）	15 （6.82%）	22 （10.00%）	57 （25.91%）	53 （24.09%）	25 （11.36%）	48 （21.82%）	2.11

总结花果园社区生活环境的整体评价情况如下：

（1）区内污水处理较为科学合理，湿地景观规划较好。

（2）对施工建设产生的振动干扰做出管控，规定建设时间段及加快建设进程，尽量减少对人们生活、工作的影响。

（3）对于过往车辆产生的废气，需在道路旁种植防护和净化植物，并要严格监督建设单位减少扬尘。

（4）花果园社区的垃圾运输与转运处理垃圾应对较好。

8.3.5 不同群体评价分析

对问卷中问题 7 "您是否认为花果园社区是一个宜居的社区，是否愿意选择居住在贵阳花果园社区？"和问题 8 "您是否认为花果园社区是一个优质社区的代表，是否值得在贵阳或其他地方推广？"这两个问题，针对不同社会属性的人口统计特征进行方差分析，性别的差异性分析呈现出显著性，p 值均小于 0.05，意味着不同性别有着差异性。问题 7 的具体分析呈现出 $F=17.558$、$p=0.000$ 的显著性，其中选择 "否，不愿意" 选项的平均值为 1.71，高于选择 "是，愿意" 选项的平均值。问题 8 的具体分析呈现出 $F=12.370$、$p=0.001$ 的显著性，其中选择 "否" 选项的平均值为 1.68，高于选择 "是" 选项的平均值（见表 8.10、表 8.11❶ 和图 8.1）。

表 8.10　方差分析

项　目	问题 7：您是否认为花果园社区是一个宜居的社区，是否愿意选择居住在贵阳花果园社区？（平均值±标准差）		F	p
选　项	否，不愿意（$N=119$）	是，愿意（$N=101$）		
性　别	1.71±0.46	1.44±0.50	17.558	0.000
年　龄	2.21±0.67	2.10±0.57	1.694	0.194
文化程度	2.76±0.61	2.79±0.62	0.185	0.668
月收入	1.98±1.06	2.23±1.11	2.785	0.097

---

❶ 在表 8.10 和表 8.11 中，如果 $p>0.05$，说明没有差异性产生，F 值属于中间过程值，想要计算 p 值，一定要先计算 F 值。

表8.11 方差分析

项 目	问题8：您是否认为花果园社区是一个优质社区的代表，是否值得在贵阳或其他地方推广？（平均值±标准差）		F	p
选 项	否（N=130）	是（N=90）		
性 别	1.68±0.47	1.44±0.50	12.370	0.001
年 龄	2.20±0.68	2.10±0.56	1.334	0.249
文化程度	2.76±0.63	2.79±0.59	0.105	0.746
月收入	2.04±1.10	2.18±1.08	0.872	0.351

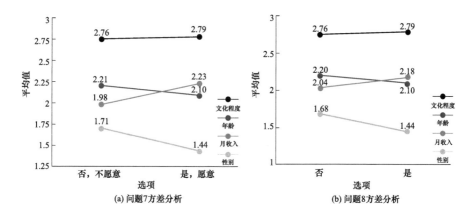

图8.1 方差分析所有项对比

对年龄、文化程度、月收入进行多因素方差分析及多分类 Logistic 回归分析，均未表现出明显的差异性。在本次的调查数据中，不同社会属性的人口统计特征相互影响不明显。对以上数据进行描述性分析，年龄在18~29岁的受访者对选择居住花果园社区和推广花果园社区的意愿相对较高，随年龄上升呈下降趋势；高中、中专和技校文化程度的受访者对选择居住花果园社区和推广花果园社区的占比大于其他三项；月收入在

3000~5999 元的受访者选择居住花果园社区和推广花果园社区的比例相对较高（见图 8.2）。

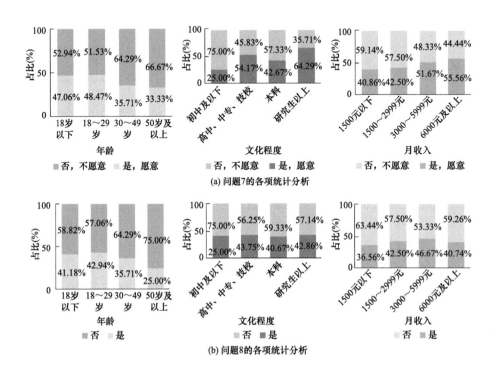

图 8.2　年龄、文化程度、月收入统计分析

通过对反馈数据进行频数分析得出，"您是否认为花果园社区是一个宜居的社区，是否愿意选择居住在贵阳花果园社区"支持率为 45.91%；"您是否认为花果园社区是一个优质社区的代表，是否值得在贵阳或其他地方推广"的支持率为 40.91%（见表 8.12）。

表 8.12　频数分析

问　题	选　项	频　数	百分比（%）	累积百分比（%）
问题 7：您是否认为花果园社区是一个宜居的社区，是否愿意选择居住在贵阳花果园社区？	否，不愿意	119	54.09	54.09
	是，愿意	101	45.91	100

续表

问 题	选 项	频 数	百分比（%）	累积百分比（%）
问题8：您是否认为花果园社区是一个优质社区的代表，是否值得在贵阳或其他地方推广？	否	130	59.09	59.09
	是	90	40.91	100
各问题合计		220	100	100

8.3.6 评价指标整合分析

运用 SPSS 20.0 对问卷中关于花果园社区人居环境评价的 26 个三级指标进行描述性测算分析，得到二级指标的打分总分数、概率和满意度（见表 8.13 和表 8.14）。花果园社区空间建设的满意度评价趋于"不太满意"（24.55%），景观规划的满意度评价趋于"一般"（23.56%），交通情况的满意度评价趋于"一般"（24.39%），生活环境的满意度评价趋于"一般"（23.18%）。满意度指数排在首位的是景观规划（2.466 分），排在最后的是生活环境（2.319 分）。由此得到花果园社区人居环境满意度指数总得分为 2.395 分，处于"不太满意"水平。最后得出花果园社区人居环境质量的满意度较低，趋于"不太满意"。

表 8.13 二级指标数据统计

选 项	非常满意	比较满意	一 般	不太满意	很不满意	不了解
空间建设	93（8.45%）	138（12.55%）	266（24.18%）	270（24.55%）	166（15.09%）	167（15.18%）
景观规划	139（10.53%）	203（15.38%）	311（23.56%）	304（23.03%）	218（16.52%）	145（10.98%）
交通情况	130（9.85%）	216（16.36%）	322（24.39%）	290（21.97%）	192（14.55%）	170（12.88%）
生活环境	182（9.19%）	285（14.39%）	459（23.18%）	455（22.98%）	258（13.03%）	341（17.22%）

表 8.14   二级指标评价满意度

二级指标	平均满意度	总满意度
空间建设	2.330	
景观规划	2.466	2.395
交通情况	2.463	
生活环境	2.319	

8.4   优化策略

通过上述分析，同城非本社区居民对花果园社区人居环境满意度处于"不太满意"水平，满意度分数较低，其代表的是社会居民对花果园社区生活、工作、休闲的整体评价，也是对紧凑型花果园社区建设需要尽快解决好广大居民要求强烈的、与居民利益直接相关的人居环境的改善点，是提升花果园社区环境的总体满意度的社会呼声。根据本次对花果园人居环境的调查分析，提出以下几个方面的建议。

（1）对紧凑区域的建设应该注意空间的协调发展，避免过度追求经济利益，要因地制宜，注重空间建设与周围的自然、区域文化元素的融合[26]。花果园空间建设可依靠科技进步改善原规划及建筑设计，随着科学技术的发展而提升花果园社区空间建设的档次。花果园社区内功能服务分布不合理、设施分布较散、服务设施的可步行性较低的问题，可在现代科学技术的发展下进行地下空间、立体空间的开发，实现功能和设施的整合，充分发挥湿地公园的商业、文化、娱乐等服务功能；微观更改建筑外观，增添花果园社区建筑的人文性建设，优化建筑体态的和谐；低层住户采光、底层环境潮湿、空气流通不好等问题，可通过改善相关设施进行优化；对小区的架空层给予合理利用，增加改造必要的体育设施、娱乐场地、老年人活动场所及文化交流空间等，这种空间布置方法可以有效拉近住宅建筑和户外环境的距离[27]。

（2）在景观优化方面，应该科学合理地对区域内未开发的山体进行简单

开发，在保证原生态环境不被破坏的情况下合理加以利用；对小区已硬化地面进行改造，增添中庭花园设计，在竖向景观上增添叠落式亲水廊道；在其他区域可通过立体绿化、垂直绿化、屋顶绿化等方式，利用藤蔓植物爬壁进行垂直方向上的绿化景观设置；种植道路旁景观树，优化街景，可参照花果园金融大街。

（3）在交通改善方面，可参考居民对花果园交通改善方法支持中的响应率进行改善。对交通较拥堵及行人密集区域可划分为单向通行线路，提高通行率；严格把控专用车道的使用，如对公共交通专用线路的把控，优化公共交通工具的出行效率；加快地铁施工，保证地铁路线按计划竣工；完善区域内密集地段的人行连廊，缓解行人出行的交通压力，增大出行的安全性；可以增加高架桥，使进入花果园的车辆分道而行，避免车辆集中出入。

（4）花果园仍需注重废水和污水处理、生活垃圾转运站设置、生活垃圾运输与转运的优化；对于花果园生活环境中存在的噪声污染及汽车废气问题，针对车辆噪声可检查管理运行车辆，道路两旁建设隔声墙，选择乔、灌、草合理搭配从而达到吸声、降低噪声及减少汽车废气的作用[31]；对商铺营业噪声及居民生活噪声进行监测管理。

本章首先基于文献研究了人居环境评价的构成要素，结合非花果园社区居民对花果园的认知，基于居民对紧凑城市建设花果园社区认知数据分析，分析了人们对花果园规划设计建设与生活需要及环境的评价，分析花果园社区存在的不和谐之处及其原因，进而对人居环境和谐发展提出意见、建议。本次调查研究的主要工作和成果是对花果园人居环境要素的现状分析，围绕花果园人居环境的空间建设、交通情况、景观规划、生活环境四大组成要素，选取非花果园社区居民对花果园进行相关的认知评价，通过对反馈数据收集分析，针对贵阳花果园空间建设、交通情况、景观规划、生活环境方面存在的问题，提出相应的改进措施。

在今后的城市空间建设中，建议在城市开发建设前应注重民意的收集和实地调研，了解民众所需和城市发展定位，建设一个令人满意的人居环境。在本次对花果园社区认知调查中，作者认为紧凑的城市空间开发建设需要有一个更加完善、科学和具有前瞻性的城市规划开发设计，在空间建设上最大限度地提高人居环境的质量，实现环境与人的和谐。例如，在规划建设中，在考虑保护自然景观的前提下，对规划区域的土地利用进行合理的功能区分布及搭配配套的基建；需考虑建筑科学分布，满足良好的日照采光，不可过分追求经济效益而造成过高的建筑密度；要参考区域独特的文化进行建筑体态的设计，不能一味效仿国外文化及无特色建筑体态，还需注重新建区域与周围建筑和自然环境的和谐及城市天际线；交通规划不仅要合理满足各类交通工具通畅、便捷运行的需求，还需具有前瞻性，以有利于长远发展；生活区应建设不同类型的休闲娱乐设施、场所，以满足居民的休闲、健身、娱乐等需求。

本章参考文献

[1] 杨哲. 真实与想象的认知：城市空间原型理论建构 [J]. 厦门大学学报（哲学社会科学版），2007（5）：122-128.

[2] LEE T H, JAN F H. Can community-based tourism contribute to sustainable development? Evidence from residents' perceptions of the sustainability [J]. Tourism Management, 2019, 70：368-380.

[3] OLYA H G T, ALIPOUR H, GAVILYAN Y. Different voices from community groups to support sustainable tourism development at Iranian World Heritage Sites：evidence from Bisotun [J]. Journal of Sustainable Tourism, 2018, 26（10）：1728-1748.

[4] 徐放. 居民感应地理研究的一个实例：对赣州市的调查分析 [J]. 地理科学，1983, 3（2）：167-174.

[5] 胡振宇，曹有挥. 基于居民感知的城市新城区居住空间分异研究：以芜湖市天门新区为例 [J]. 湖南城市学院学报（自然科学版），2006, 15（3）：23-26.

[6] LYNCH K. The image of the city [M]. Cambridge, USA：Massachusetts Institute of Technology Press, 1960.

[7] 陈梦远，徐建刚. 城市意象热点空间特征分析：以南京为例 [J]. 地理研究，2014, 33（12）：2286-2298.

[8] 唐晓云. 古村落旅游社会文化影响：居民感知、态度与行为的关系——以广西龙脊平安寨为例 [J]. 人文地理，2015, 30（1）：135-142.

[9] 张佳伟. 呈坎村街巷空间认知研究 [D]. 合肥：合肥工业大学 2017.

[10] 丁瑜，李爽. 基于公众感知的广州花城广场意象研究 [J]. 世界地理研究，2018,

27（6）：65-76.

[11] 李渊，高小涵. 遗产地社区居民感知的空间差异研究：以鼓浪屿为例 [J]. 城市建筑，2019，16（19）：106-109.

[12] 赵亮，刘娜. 宝鸡市人居环境评价及其优化 [J]. 地下水，2011，33（5）：156-157.

[13] 谭萌佳. 城市人居环境质量定量评价的生态位适宜度模型研究：以浙江省地级城市为例 [D]. 杭州：浙江大学，2006.

[14] 宋冰. 城市人居环境可持续发展水平满意度测评研究 [D]. 重庆：重庆大学，2008.

[15] 王利萍. 临安山区农村人居环境满意度评价研究 [D]. 杭州：浙江农林大学，2019.

[16] 李王鸣，叶信岳，孙于. 城市人居环境评价：以杭州城市为例 [J]. 经济地理，1999，19（2）：38-43.

[17] 刘绍峰. 东北地区城市人居环境综合评价指标体系研究 [D]. 长春：东北师范大学，2002.

[18] 黄正文，张斌. 城市人居环境评价指标体系研究评介 [J]. 环境保护，2008（14）：33-36.

[19] 陈浮，陈海燕，朱振华，等. 城市人居环境与满意度评价研究 [J]. 人文地理，2000，15（4）：20-23，9.

[20] 李伯华，杨森，窦银娣. 城市边缘区人居环境的居民满意度评价及其优化：以衡阳市珠晖区酃湖乡为例 [J]. 广东农业科学，2012，39（6）：201-204.

[21] 李洪伟，曹玉翠. 基于因子分析的我国智慧城市建设满意度影响因素研究 [J]. 科技视界，2017（20）：57-60.

[22] 武靓，丁慧芳，段永蕙. 保障性住房小区人居环境满意度评价：以太原市为例 [C] // 中国环境科学学会. 2019 中国环境科学学会科学技术年会论文集（第一卷）. 2019：112-119.

[23] 李伯华，杨森，刘沛林，等. 乡村人居环境动态评估及其优化对策研究：以湖南省为例 [J]. 衡阳师范学院学报，2010，31（6）：71-76.

[24] 高黎辉. 浚县顺河村传统村落空间宜居环境满意度实证研究 [J]. 美与时代（城市版），2019（8）：107-108.

[25] 王蕾，武永春，刘欣葵. 城市人居环境满意度指数调查研究：基于北京市内六个城

区的实证分析［J］. 行政论坛，2012，19（6）：90-94.

［26］谭敏. 成渝城镇密集区空间集约发展综合协调论［D］. 重庆：重庆大学，2011.

［27］杨雪娇，柴连周. 保山市中心城区功能区噪声变化趋势与防治措施研究［J］. 环境
科学导刊，2020，39（2）：56-59.

附录 A 遥感解译原始 shape 数据图

附图 A. 1 天通苑社区 2006 年遥感解译原始 shape 数据图

附图 A. 2 天通苑社区 2012 年遥感解译原始 shape 数据图

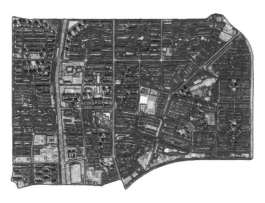

附图 A. 3 天通苑社区 2018 年遥感解译原始 shape 数据图

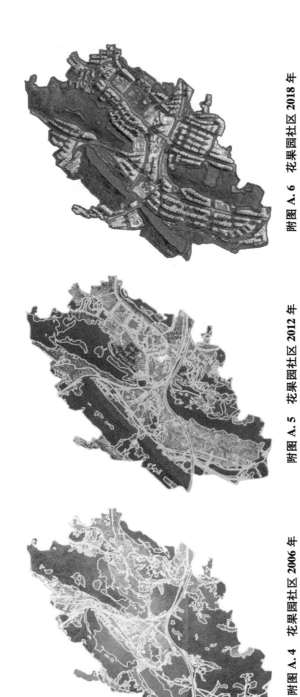

附图 A.6 花果园社区 2018 年
遥感解译原始 shape 数据图

附图 A.5 花果园社区 2012 年
遥感解译原始 shape 数据图

附图 A.4 花果园社区 2006 年
遥感解译原始 shape 数据图

附录 B 贵阳市花果园社区居民行为问卷调查

亲爱的参与者，您好！我们是来自贵州理工学院建筑与城市规划学院的老师与学生，因课题需要制作了一份关于花果园社区居民行为的调查问卷。希望您能抽出宝贵的时间如实填写以下问卷。填写本问卷不用署名，其中的信息仅用作学术研究，绝对不会泄露，请放心填写，再次感谢您的参与！

Q1：您的性别为
○男　　　　　○女

Q2：您的年龄阶段为
○20 岁以下　　　　○20~29 岁　　　　○30~39 岁
○40~49 岁　　　　○50~59 岁　　　　○60 岁及以上

Q3：您的职业为
○行政办公人员（公务员、事业单位等）
○生产及运输工人
○服务人员（教师、医务人员、服务员等）
○个体经营者
○自由职业者
○学生（包括实习生）
○离退休人员、家庭主妇
○企业员工
○农民
○其他

Q4：您的教育背景为

○高中及以下

○高中

○专科或技校

○本科

○硕士

○博士及以上

○其他

Q5：您现在居住在花果园哪个区：

_____

Q6：您的月收入大致为

○2000 元以下

○2000～3999 元

○4000～5999 元

○6000～9999 元

○10000～19999 元

○20000 元及以上

工作日

时 间	活动类型				
	工 作	学 习	购物和休闲	处理个人事务	看病和其他
0：00—5：00					
5：00—7：00					
7：00—9：00					
9：00—12：00					
12：00—14：00					
14：00—16：00					
16：00—18：00					
18：00—20：00					
20：00—22：00					
22：00—0：00					

时 间	陪伴类型					
	无人陪伴	配 偶	家 人	同事或同学	室 友	朋 友
0：00—5：00						
5：00—7：00						
7：00—9：00						
9：00—12：00						
12：00—14：00						
14：00—16：00						
16：00—18：00						
18：00—20：00						
20：00—22：00						
22：00—0：00						

续表

时 间	出行方式							
	步行	私家车	地铁	公交车	班车	摩托车或电动车	出租车	自行车
0：00—5：00								
5：00—7：00								
7：00—9：00								
9：00—12：00								
12：00—14：00								
14：00—16：00								
16：00—18：00								
18：00—20：00								
20：00—22：00								
22：00—0：00								

休息日

时 间	活动类型				
	工 作	学 习	购物和休闲	处理个人事务	看病和其他
2：00—7：00					
7：00—9：00					
9：00—11：00					
11：00—13：00					
13：00—15：00					
15：00—17：00					
17：00—19：00					
19：00—21：00					
21：00—0：00					
0：00—2：00					

续表

时　间	陪伴类型					
	无人陪伴	配　偶	家　人	同事或同学	室　友	朋　友
2：00—7：00						
7：00—9：00						
9：00—11：00						
11：00—13：00						
13：00—15：00						
15：00—17：00						
17：00—19：00						
19：00—21：00						
21：00—0：00						
0：00—2：00						

时　间	出行方式							
	步行	私家车	地铁	公交车	班车	摩托车或电动车	出租车	自行车
2：00—7：00								
7：00—9：00								
9：00—11：00								
11：00—13：00								
13：00—15：00								
15：00—17：00								
17：00—19：00								
19：00—21：00								
21：00—0：00								
0：00—2：00								

满意度调查

1. 您对交通和道路情况方面的满意程度为

○满意

○不满意

2. 您对公共基础设施方面的满意程度为

○满意

○不满意

3. 您对休闲娱乐设施方面的满意程度为

○满意

○不满意

4. 您对教育医疗设施方面的满意程度为

○满意

○不满意

5. 您对外来人员情况方面的满意程度为

○满意

○不满意

您觉得社区有哪些需要改善的地方？请提出您宝贵的建议，谢谢！

_____

感谢您的参与！

附录 C　出行决策自变量等级划分表

变　量	代表数字	代表含义
性　别	0	女　性
	1	男　性
经济状况	1	2000 元以下
	2	2000~3999 元
	3	4000~5999 元
	4	6000~9999 元
	5	10000~15000 元
出行目的	1	工　作
	2	学　习
	3	处理个人事务
	4	购　物
	5	休　闲
	6	看病及其他
陪伴类型	1	无人陪伴
	2	配　偶
	3	家　人
	4	同事或同学
	5	室　友
	6	朋　友
出行方式	1	无
	2	步　行
	3	私家车
	4	出租车
	5	自行车和摩托车（或电动车）
	6	公交车和地铁

附录 D 满意类型等级划分表

变 量	代表数字	代表含义
交通道路情况	1	不满意
	2	满 意
公共基础设施方面	1	不满意
	2	满 意
休闲娱乐设施方面	1	不满意
	2	满 意
教育、医疗设施方面	1	不满意
	2	满 意
外来人员情况	1	不满意
	2	满 意

附录 E 花果园社区居民通勤行为问卷调查

尊敬的花果园社区居民:

　　您好!首先十分感谢您能参与本次问卷调查,本次调查是贵州理工学院建筑与城市规划学院因科研用途发起的,调查结果将用于花果园社区居民通勤行为的研究,问卷将以匿名方式作答,所有资料均会严格保密,请您将您的通勤出行情况按照个人想法和实际情况放心填写,感谢您的配合!

　　1. 您的性别?
　　○男　　　　　　　○女

　　2. 您的年龄?
　　○20 岁以下　○20~29 岁　○30~39 岁　○ 40~59 岁　○60 岁及以上

　　3. 您所受教育情况?
　　○高中及以下　　　　○大专或本科　　　　○ 硕士及以上

　　4. 您的工作性质?
　　○国家公务员　　○企事业单位高管人员　　○医务人员
　　○商人/个体户　　○教师科研人员　　　　○普通职员
　　○自由职业者　　○离退休人员/待业人员　○学生
　　○其他

　　5. 您的月收入?
　　○3000 元以下　○3000~4999 元　　○5000~9999 元
　　○10000~14999 元　　○15000 元及以上

6. 您的住房产权？

○租房　　　○购房

7. 目前您的家庭拥有小汽车情况？

○无　　　　　○一辆　　　　　　　○两辆及以上

8. 您目前的家庭结构是

○单身　　　　○已婚未有子女　　　○已婚有子女

9. 您的家庭中小于 6 岁小孩的数量？

○无　　　　　○一个　　　　　　　○两个及以上

10. 您有无驾照？

○有　　○无

11. 您的家庭是否有公交卡？

○有　　○无

12. 请选择您通常的通勤活动链类型（双选）。

○居住地—单位

○居住地—其他地方（如接送人）—单位

○单位—居住地

○单位—其他地方（如接送人）—居住地

13. 请选择您平时上下班使用过的交通方式，并按使用频次排序。

○步行　　　　　　○自行车　　　　　　○地铁

○公交车或通勤车　　○电动车或摩托车　　○小汽车或出租车

14. 您早晨上班出门时间。

○7：00 之前　　○7：00—7：29　　　○7：30—7：59

○8：00—8：29　　　　○8：30—8：59　　　　　○9：00 及以后

15. 您上班与下班的通勤方式是否相同。
○相同　　　　　　○不同

16. 您认为贵阳市高峰时段公共交通（公交及地铁）的拥挤程度是
○非常拥挤　　○比较拥挤　　○比较宽松　　○非常宽松

17. 您对自己出行方式的满意程度是
○非常满意　　○比较满意　　○比较不满意　　○非常不满意

18. 您的居住地到工作地点的距离约为（　　　）km?

19. 您的居住地位于花果园哪个区？（　　　）

20. 您日常的通勤地点？（　　　）

21. 当使用下列交通方式上下班时，您预计的单日花费是多少元？私家车主要指燃油费或电费以及停车费，公共交通（地铁、公交）指票价。
○私家车（　　　）元　　　　○ 公共交通（地铁、公交）（　　　）元

22. 对于贵阳市的交通，您有什么建议？

附录 F 贵阳花果园社区居民的
居住满意度问卷调查

您好！因科研课题需要，要进行关于花果园社区居民居住满意度问题的调查研究，希望您能抽出宝贵的时间填写以下问卷，以便本次课题能得到更完整的数据。对您此次的帮助表示衷心感谢。关于本次调查的所有信息均为匿名，绝不会泄露您的个人信息，您可以放心填写。感谢您的参与！

1. 您的性别
〇男　　　　　　〇女

2. 您的年龄
〇18 岁以下　　　〇18~29 岁　　　〇30~59 岁　　　〇60 岁及以上

3. 您的月收入
〇2000 元以下　〇2000~4999 元　〇5000~7999 元　〇8000 元及以上

4. 您现在居住在花果园哪个区？

5. 您现在居住的住宅产权是
〇租赁　　　　　〇自购

6. 您是独居，还是与家人或朋友群居？
〇独居　　　〇和家人　　　〇和朋友

7. 您自购的住宅是一手还是二手？

○一手　　　○二手

8. 您在现居住宅的居住时长是

○1 年以下　　○1~2 年　　○3~5 年　　○5 年以上

9. 您现在居住的住宅楼层是

○低层住宅（1~3 层）　　　○多层住宅（4~6 层）

○中高层住宅（7~9 层）　　○高层住宅（10 层及以上）

10. 您现在居住的住宅面积是

○90 m² 以下　　　　　　○90~119 m²

○120~149 m²　　　　　　○150 m² 及以上

11. 您认为您现在居住的住宅存在哪些问题？

○居住面积小

○房间布局不合理

○通风、采光条件较差

○安全性较差

○租金过高

○其他

12. 您对您现在居住的小区绿化是否满意？

项　目	满意度评价（5 分制）				
	1（不满意）	2（不太满意）	3（一般）	4（比较满意）	5（满意）
小区绿化					

13. 您对现在居住的小区内外交通是否满意?

项　目	满意度评价（5 分制）				
	1（不满意）	2（不太满意）	3（一般）	4（比较满意）	5（满意）
内外交通					

14. 您对现在居住的小区附近的商业设施是否满意?

项　目	满意度评价（5 分制）				
	1（不满意）	2（不太满意）	3（一般）	4（比较满意）	5（满意）
商业设施					

15. 您对现在居住的小区拥有的娱乐设施是否满意?

项　目	满意度评价（5 分制）				
	1（不满意）	2（不太满意）	3（一般）	4（比较满意）	5（满意）
娱乐设施					

16. 您对现在居住的小区附近的医疗设施是否满意?

项　目	满意度评价（5 分制）				
	1（不满意）	2（不太满意）	3（一般）	4（比较满意）	5（满意）
医疗设施					

17. 您对现在居住的小区附近的教育设施条件是否满意?

项　目	满意度评价（5 分制）				
	1（不满意）	2（不太满意）	3（一般）	4（比较满意）	5（满意）
教育设施					

18. 您对现在居住的小区邻里关系是否满意？

项　目	满意度评价（5 分制）				
	1（不满意）	2（不太满意）	3（一般）	4（比较满意）	5（满意）
邻里关系					

19. 您对现在居住的小区环境卫生是否满意？

项　目	满意度评价（5 分制）				
	1（不满意）	2（不太满意）	3（一般）	4（比较满意）	5（满意）
环境卫生					

20. 您对现在居住的小区噪声控制是否满意？

项　目	满意度评价（5 分制）				
	1（不满意）	2（不太满意）	3（一般）	4（比较满意）	5（满意）
噪声控制					

21. 您对现在居住的小区的物业费用标准是否满意？

项　目	满意度评价（5 分制）				
	1（不满意）	2（不太满意）	3（一般）	4（比较满意）	5（满意）
物业费用					

22. 您对现在居住的小区物业服务工作是否满意？

项　目	满意度评价（5 分制）				
	1（不满意）	2（不太满意）	3（一般）	4（比较满意）	5（满意）
物业服务					

23. 综合以上因素，您对现在居住小区的总体居住满意度如何评价？

项　目	满意度评价（5分制）				
	1（不满意）	2（不太满意）	3（一般）	4（比较满意）	5（满意）
总体居住满意度					

24. 租期结束后，您是否愿意续租？

　○是　　　　　　　　○否

25. 您认为您现在居住的小区还有哪些需要改进的地方，请提出您的建议和期望。

附录 G 非本社区居民对贵阳花果园
社区的认知问卷调查

亲爱的朋友：

您好！因课题需要，现开展对贵阳花果园社区的认知调查，本次的问卷针对非花果园社区居民进行发放，为了解非社区居民对花果园社区的认知进行相关研究，特此开展本次问卷调查。本问卷不记名，遵循保密原则，希望得到您的配合，非常感谢您的参与！

一、基本情况

1. 您的性别？

○男　　　　　　　　　　○女

2. 您的年龄？

○18 岁以下　　○18~29 岁　　○30~49 岁　　○50 岁及以上

3. 您的文化程度？

○初中及以下　　　　　　○高中、中专、技校

○本科　　　　　　　　　○研究生以上

4. 您的月收入？

○1500 元以下　　○1500~2999 元　　○3000~5999 元　　○6000 元及以上

二、社区认知调查

1. 您是否去过贵阳花果园社区？

○是　　　　　　　　　　○否

2. 请您对花果园社区空间建设现状进行满意度评价。

项　目	满意度评价（5分制）					
	1	2	3	4	5	不了解
城市功能区分布 （如商业、居住等功能）						
功能区土地利用						
高密度性与适居性						
建筑体态和谐 （如建筑风格、旧空间连接等）						
配套基建 （包括医疗、教育、休闲等）						
采　光						

3. 请您对花果园社区的内、外部的交通情况进行满意度评价。

项　目	满意度评价（5分制）					
	1	2	3	4	5	不了解
公共交通出行						
专用车道使用状况						
停车位建设						
交通信号灯配时						
公交线路设计及站点						
区域交通通畅整体评价						

4. 您认为改善花果园社区交通最有效的措施是什么？（可多选）

（1）科学规划商业中心、居民小区选址

（2）部分道路支路路网改造

（3）交通密集区域实施单向通行

（4）增加停车泊位

（5）提高公共交通出行分担率

（6）其他措施

5. 请您对花果园景观规划进行满意度评价。

项　　目	满意度评价（5分制）					
	1	2	3	4	5	不了解
绿色植被覆盖率						
周围自然环境综合评价						
公园、广场等人工景观						
历史人文景观						
街　　景						

6. 请您对贵阳花果园社区生活环境质量进行满意度评价。

项　　目		满意度评价（5分制）					
		1	2	3	4	5	不了解
水环境	废水、污水处理情况						
	湿　　地						
声环境	无生活噪声干扰						
	无机动车噪声干扰						
	无施工、生产活动和其他振动干扰						
气体环境	通风良好						
	周围空气良好、无臭气或有害气体来源						

续表

项　目		满意度评价（5分制）					
		1	2	3	4	5	不了解
生活垃圾	生活垃圾转运站位置合理程度						
	生活垃圾运输与转运						

7. 您是否认为花果园社区是一个宜居的社区，是否愿意选择居住在贵阳花果园社区？

　　○是，愿意　　　　　　　　○否，不愿意

8. 您是否认为花果园社区是一个优质社区的代表，是否值得在贵阳或其他地方推广？

　　○是，值得　　　　　　　　○否，不值得

9. 您认为花果园社区存在哪些不合理、需完善的地方，可以留下您的期望和建议。